재밌어서 밤새 읽는

천문학 이야기

재밌어서 밤새 읽는

천문학 이야기

아가타 히데히코 지음 | 박재영 옮김 | 이광식 감수

더숲

천문학이라고 하면 어떤 이미지가 떠오르는가? 천체 투영관 (플라네타륨)에서 영상을 관람하며 듣는 별자리 이야기, 유성군이나 일식 관측, 아니면 정월 대보름의 달맞이?

이 책에서는 다음과 같이 천문학의 궁금증을 함께 풀어보며 독자들을 매력적인 천문학의 세계로 안내한다.

달에도 산맥과 바다가 있을까?

밤하늘은 별이 무수히 많이 뜨는데도 왜 어두울까?

제2의 지구를 찾는 '외계인 방정식'이란?

중력파를 이용하면 우주 탄생의 비밀을 밝혀낼 수 있을까?

천문학은 달이나 별똥별과 같이 우리에게 친근한 천체의 수수께끼에서부터 먼 우주의 시작에 얽힌 궁금증에 이르기까지 여전히 미스터리로 남아 있는 의문점들을 파헤치는 매우 흥미로운 학문이다.

옛날부터 천문학은 음악 및 수학과 함께 가장 오래된 학문이며 고대인에게 소중한 대화 도구였다고 한다. 만약 시계나 전화도 없는 상황에서 약속 장소나 시간을 정해야 한다면 어떻게 해야 할까? 그럴 때 고대인들은 달의 모양이나 별들의 위치를 파악해서 계절이나 시각, 장소를 서로 전달할 수 있었다. 이렇듯 천문학은 사람과 사람을 이어주는 데 반드시 있어야 할 도구였다.

한편 최근의 천문학은 현저하게 발전하고 있다. 어른들은 이 책을 읽으면 어릴 때 읽었던 천문학 도감이나 참고서 내용과 많이 달라졌다고 느낄 것이다.

현재 우주생물학(Astrobiology)이라는 학문이 주목받고 있다. 이것은 '우주 생명의 기원, 진화, 전파, 미래'를 연구하는 학문 영역으로 이 분야에 천문학을 비롯해 생물학, 행성학, 지구물리학 등 다양한 분야의 연구자들이 모여 있다.

"우리는 누구인가? 우리는 어디로 가는가?"

지금 인류는 천문학을 발판 삼아 이러한 보편적인 질문의 해답에 다가가고 있다.

2016년 측정 기준으로, 태양계 밖에 존재한다는 사실이 확인된 행성은 3,500개를 넘었다. 그중에는 지구 크기만 한 암석 행성과 적당히 따뜻하고 물이 풍부하게 있을 법한 행성도 보이기 시작했다.

차세대 망원경으로 불리는 TMT 등 초고성능 망원경과 우주 망원경을 통해 지구 외에도 생명이 존재하는 외계 행성을 찾아낼 가능성은 충분하다. 가까운 미래에 우리 생명의 기원을 찾거나 지적 생명체와 소통하는 일이 결코 꿈같은 이야기가 아닐지도 모른다.

이런 기대감으로 가슴이 설레는 학문을 천문학자들만 독점하기는 아깝다! 여러분도 이 책을 통해 흥미진진한 천문학의 세계를 여행해보지 않겠는가?

하루에 한 번 하늘을 보자

길고 긴 우주의 역사와 광막한 우주의 크기를 알아가다 보면, 우리를 힘들게 하는 삶의 어려움들이 참으로 사소한 것들이구나 하는 깨달음을 얻게 됩니다. 그래서 저는 학교들을 다니며 우주 특강을 하면서 말미에 늘 이런 당부의 말을 덧붙입니다.

"아이들아, 하찮은 일들에 마음 상하지 말고 어려울 때는 우주를 생각하면 좋다. 우리는 별들이 만든 원소들, 곧 별먼지로 이루어진 존재들이다. 초신성이 삶의 마지막 순간에 대폭발로 제 몸을 아낌없이 우주로 뿌리지 않았다면 지구도, 인간도, 새들도, 나무도 지금 존재하지 않았을 것이다.

어느 천문학자의 말마따나 '우리는 뒹구는 돌들의 형제요, 떠

도는 구름의 사촌이다.' 이처럼 놀랍고도 희한한 우주에서 우리가 살아가고 있는데, 나라는 존재 자체가 바로 우주와 맞먹는 기적인데, 하찮은 일들로 한 번뿐인 인생을 우중충하게 살아서야 되겠는가. 어느 철학자는 '경이가 없는 삶은 살 가치가 없다'라고 말했다. 우주는 경이와 신비 그 자체이며, 때로는 경이를 넘어 감동이다. 138억 년 우주의 사랑이 우리를 태어나고 살게 한 거니까.

가끔 힘들 때는, 지구가 지금 이 순간에도 태양 둘레를 초속 30킬로미터로 날아가고, 우리 태양계가 은하 가장자리를 초속 200킬로미터로 내달리고, 이 순간에도 우주는 빛의 속도로 팽창하고 있다는 걸 생각해라. 그러면 우리가 각기 지고 있는 삶의 무게도 한결 가벼워짐을 느낄 것이다."

그렇습니다. 별을 보고 우주를 생각하는 마음으로 살아가면 넓은 시각으로 세상을 돌아보게 되고, 보다 균형 잡힌 삶을 살 수 있게 됩니다. '하늘을 잊어버리고 사는 것은 그 자체로 재앙이다'는 옛말이 있습니다. 그러므로 적어도 하루에 한 번은 하늘을 보는 습관을 들일 것을 권합니다. 세상 사람들이 더 많이 별을 보고 우주를 사색한다면 세상과 우리네 삶이 그만큼 더 아름다워질 거라고 믿습니다.

이 책은 저자가 조곤조곤한 말씨로 여러분을 우주로 안내해주는 길라잡이 책입니다. 우주의 갖가지 신비로움과 재미있는 에피소드들을 곁들여가면서 천문학의 얼개와 현재의 우주 탐사 상황을 두루 소개해주고 있습니다. 이 책의 뒷부분에 나오는 콜롬비아의 메데인시 이야기는 천문학이 사람을 변화시키는 '힘'을 잘 보여주는 사례로, 시가 만든 천문대와 천체 투영관이 청소년들의 의식을 크게 변화시킨 재미있는 이야기입니다.

이 책을 읽다 보면 일본이 우주 강국임을 새삼 깨닫게 됩니다. 국립·사설 천문대가 수천 개나 있고 아마추어 천문인의 층도 우리와는 비교가 되지 않을 만큼 두텁습니다. 그런 힘이 일본을 서구 우주 강국들과 어깨를 겨루게 하는 바탕이 되고 있는 듯합니다. 우리의 실정과 비교해보면 부러움을 금할 수가 없습니다.

이 책을 감수하면서 지나치게 일본색이 강한 부분은 조금씩 들어냈습니다. 이는 책의 가독성을 높이고 원작의 취지를 더 살리기 위한 것임을 헤아려주기 바랍니다.

끝으로, 이 책을 디딤돌 삼아 더 넓고 경이로운 우주로, 더 높은 수준의 우주 책읽기로 나아가기를 바랍니다.

2018년 가을, 강화 퇴모산에서
이광식 씀

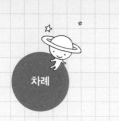

차례

PART 1 우주와 천체를 항해하는 낭만 여행

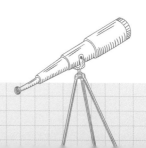

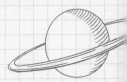

PART 2 밤하늘의 숨은 비밀들

PART 3 우주는 미스터리로 가득 차 있다

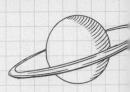

우주와 천체를
항해하는 낭만 여행

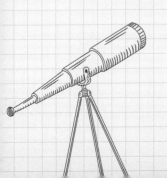

별똥별을
보는 방법

 순식간에 나타났다 사라지는 별똥별의 정체

여러분은 별똥별을 본 적이 있는가? 별똥별이 떨어지는 사이에 소원을 세 번 말하면 그 소원이 이루어진다는 속설이 있다. 이는 별똥별이 언제 어디서 나타날지 모르는 신출귀몰한 존재이며 순식간에 사라진다는 것을 말해준다.

실제로 대부분의 별똥별은 0.2초 정도만 반짝인다. 0.2초는 소원을 한 번 빌기도 어려운 시간이다. 하지만 때로는 화구(불덩어리 유성)라 불리는 매우 밝은 별똥별이 천공을 가로지르며 1~2초 정도 보이는 경우가 있다. 그럴 때가 절호의 기회이니 성급하게 서두르지 말고 꼭 소원을 빌어보자.

유성(별똥별)이란 우주 공간에 있는 지름 1밀리미터에서 수 센티미터 정도의 먼지 입자(dust, 티끌)가 지구 중력에 이끌려 대기 안으로 들어오면서 대기와 충돌해서 불타며 빛을 내는 현상이다.

유성의 근원이 되는 물질, 즉 먼지 입자의 무게를 정확히 알 수는 없다. 지구를 둘러싼 우주 공간에서 먼지 입자를 채취해 관찰했더니 대부분 총알이나 모래알처럼 단단하고 촘촘한 상태가 아니라 마치 솜이나 집 먼지처럼 푹신한 구조였다. 이것으로 미뤄보아 일반적인 별똥별의 무게는 0.1그램에서 아무리 무거워도 1그램 이내가 아닐까 예상된다.

유성의 근원이 되는 물질의 질량은 유성이 보일 때 대기의 발광(發光) 에너지로 계산할 수 있다. 0.1그램에서 1그램이라는 질량은 어림한 결과 얻을 수 있는 물질(유성의 먼지 입자)의 무게 측정값에 거의 들어맞는다.

또한 유성 중에는 운석이 되어 지상으로 낙하하는 경우도 있어서 아주 드물지만 엄청 무거운 별똥별이 떨어지기도 한다.

 ## 별똥별이 떨어지는 이유는

유성에는 산발유성과 유성군이 있다. 산발유성이란 언제 어디에서 떨어지는지 전혀 예측할 수 없는 유성을 말한다. 한편 유성군이란 일정한 시기에 하늘의 한 방향에서 사방으로 쏟아지는 유성을 말한다.

유성군이 쏟아지는 방향을 복사점(또는 방사점)이라고 부르는데, 이 복사점을 품은 별자리의 이름에 따라 그 유성군의 이름이 결정된다.

꼬리별로 불리는 혜성이 태양에 접근하면 혜성이 지나는 길(궤도상)에 먼지가 방출된다. 이 먼지 집단과 지구의 궤도가 교차할 경우, 공전하는 지구가 그 위치에 다다르면 많은 먼지 입자가 대기로 빨려 들어온다.

지구가 혜성의 궤도를 가로지르는 시기는 매년 거의 정해져 있다. 그렇기에 해마다 특정 시기(며칠 간)에 특정 유성이 나타난다. 1월의 용자리 유성군(사분의자리 유성군), 8월의 페르세우스자리 유성군, 12월의 쌍둥이자리 유성군은 3대 유성군으로 불리기도 하며 안정적으로 많이 나타나는 유성군이다.

한편 사자자리 유성군은 2001년에 엄청나게 출현했는데 해마다 떨어지는 유성의 수가 전혀 다르다. 사자자리 유성군의 모혜성은 템펠 터틀(Tempel-Tuttle) 혜성이다. 공전 주기가 33년으로 비교적 새로운 혜성이어서 궤도상의 먼지가 균일하지 않고 약 33년 주기로 유성이 나타나는 수가 늘어나거나 줄어든다.

매년 안정적으로 떨어지는 유성군은 비교적 오래전부터 태양의 주위를 돌고 있는 소천체가 방출한 먼지다. 페르세우스자리 유성군과 쌍둥이자리 유성군은 안정적인 유성군이라고 할 수 있다.

페르세우스자리 유성군의 모혜성은 스위프트 터틀(Swift-Tuttle)이라고 불리는 혜성이며 태양 주위를 약 130년 주기로 공전한다. 또한 쌍둥이자리 유성군의 모혜성은 소행성 파에톤(Phaethon)으로 추측된다. 이 천체가 현재는 혜성처럼 발광성 물질을 많이 방출하지 않지만 예전에는 혜성과 비슷하게 행동했을 가능성이

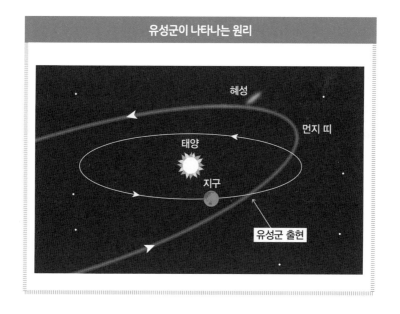

유성군이 나타나는 원리

있는 것으로 추측된다.

 ## 별똥별을 만날 확률을 높이려면

별똥별을 보는 방법을 구체적으로 알아보자.

유성을 관찰할 때는 망원경이나 쌍안경이 필요 없다. 망원경이나 쌍안경을 사용하면 오히려 보이는 범위가 좁아지므로 일반인이 유성을 관찰하기에는 적합하지 않다. 그러니 육안으로 관찰하는 것이 좋다.

먼저 밖으로 나가서 눈이 어둠에 적응될 때까지 적어도 15분 동안은 계속 관찰하도록 한다. 인간 눈동자의 동공은 밝은 곳에서 작아지고 어두운 곳에서 커지는데 변화에 익숙해지기까지 시간이 걸린다. 개인차가 있지만 10분 이상 지상의 밝은 광원(수은등이나 네온사인과 같은 거리 조명, 자동차 헤드라이트 등)이 눈에 직접 들어오지 않도록 빛을 보지 않으면 눈의 감도를 높일 수 있다.

유성은 어느 하늘에서 떨어질지 예측할 수 없다. 유성군의 경우에도 반드시 복사점이 있는 별자리 근처에서 보이는 것은 아니므로 하늘을 올려다보는 위치를 신경 쓰지 않아도 된다. 네온사인이 있는 장소나 밝은 달이 뜨는 방향은 피해야 쉽게 볼 수 있다.

연간 주요 유성군

유성군 이름	출현 기간	극대기	모혜성	출현양
용자리(사분의자리)	1/1~1/5	1/4	소행성 2003 EH1	★★★
거문고자리	4/16~4/25	4/21~4/23	대처(Thatcher) 혜성	★★
물병자리 η(에타)	4/19~5/28	5/6	핼리 혜성	★★★
물병자리 δ(델타) 남쪽	7/12~8/19	7/28~7/29	—	★★
염소자리 α(알파)	7/25~8/10	8/1~8/2	—	★
페르세우스자리	7/17~8/24	8/12	스위프트 터틀 혜성	★★★★
백조자리 κ(카파)	8/10~8/31	8/19~8/20	—	★
오리온자리	10/2~11/7	10/21	핼리 혜성	★★
황소자리 남쪽	10/23~11/20	11/3~11/5	엥케(Encke) 혜성	★★
황소자리 북쪽	10/23~11/20	11/3~11/5	엥케 혜성	★★
쌍둥이자리	12/7~12/17	12/14	파에톤 혜성	★★★★
작은곰자리	12/21~12/23	12/22~12/23	터틀 혜성	★

※ 여기에 소개한 유성군은 매년 볼 수 있는 것으로, 출현 기간은 비교적 많이 나타날 때이며
   그 전후에도 꽤 관찰할 수 있다.

유성군의 경우 복사점 부근에서는 바라보는 사람 쪽으로 떨어지기 때문에 천천히 움직이며 짧은 경로만 빛난다. 한편 복사점에서 떨어진 곳에서는 빠른 속도로 긴 선을 그리며 반짝인다. 따라서 복사점의 위치를 확인하면 유성군이 어느 방향으로, 또 어떤 속도로 떨어지는지 예상할 수도 있다.

겨울에는 감기에 걸리지 않도록 방한 대책을, 여름에는 벌레에 물리지 않도록 방충 대책을 제대로 해서 편안한 자세로 무리하지 말고 유성 관찰을 즐기기 바란다.

달에도
산맥과 바다가 있다?

 달의 기원을 찾아서

달은 어떻게 만들어졌을까? 사실 지금도 달이 어떻게 만들어졌
는지 완전히 해명되지 않았다. 오래전부터 논의되어온 여러 가
설로는 달이 지구의 쌍둥이 행성으로 지구와 함께 만들어졌다
는 '쌍둥이설'과 우연히 지구를 지나던 지구보다 작은 천체가 지
구의 중력에 붙잡혀서 그 주위를 돌기 시작했다는 '포획설'이 있
다. 현재는 두 가설 모두 인정받지 못하고 있으며 '거대 충돌설
(Giant Impact theory)'이 가장 유력하다.

오늘날 과학자들은 달 탐사를 통해 거대 충돌설의 증거를 찾고 있다. 다시 한번 인류가 달에 발을 디디게 될 날은 앞으로 몇 년 후일까? 여러분은 달에 가보고 싶은가?

1959년 소련(현재의 러시아)의 루나(Lunar) 2호가 달 표면에 도착한 이후 미국, 러시아에서 수많은 무인 달 탐사선을 발사했다. 1960~1970년대에 미국이 실행한 유인 우주선 아폴로 계획 때는 우주인들이 많은 월석을 가지고 돌아왔다. 이 월석들을 분석해서 달 표면의 조성이 지구 맨틀의 조성과 비슷하다는 사실을 알아냈다. 즉 태양계가 생성된 지 얼마 안 된 무렵에 화성 크기(지구 질량의 10분의 1 정도)의 천체가 지구에 충돌하며 표층이 파괴되었고, 그때 주변으로 떨어져나간 물질이 급속도로 모여서 달을 형성했다고 생각할 수 있다.

최근에는 화성의 두 위성도 거대 충돌로 형성된 것이 아닐까 추정하고 있다.

 ## 달에도 지명이 있다

러시아와 미국에 이어 일본도 달에 탐사선을 보냈다. 1990년에 우주과학연구소(현 일본 우주항공연구개발기구, JAXA)가 발사한 히텐(Hiten)은 달에서 고도의 스윙바이항법(행성의 중력을 이용해서 가속하는 방법)을 검증했다. 또한 JAXA는 2007년에 달 궤도를 도는 탐사 위성 카구야(Kaguya)를 발사하여 달을 자세히 조사했다. 카구야의 두드러진 성과 중 하나는 레이저 고도계를 이용하여 달 표면의 지형도를 매우 정확하게 작성했다는 점이다. 이 데이터는 일본 국토지리원의 웹사이트에서 공개하고 있다.

달을 육안으로 올려다보면 표면에 검은 무늬가 보인다. 이 부분은 달의 지명에서 '바다'라고 불린다. 동양에서는 예부터 토끼가 떡방아를 찧는 모습으로 알려져 있다. 반면 서양에서는 게나 여인의 옆얼굴, 책을 읽는 할머니, 울부짖는 사자 등 나라마다 각양각색의 모습으로 해석된다.

천체망원경이나 쌍안경을 사용하면 달의 크레이터와 산맥, 골짜기 등 다양한 지형이 보인다. 달에도 각 지형별로 이름이 붙어 있는 것을 아는가? 달의 크레이터는 운석이 충돌해서 생긴 움푹 파인 구덩이로 여기에는 각각 천문학자의 이름이 붙어 있다. 그중에서도 거대한 크기로 눈길을 끄는 '티코'와 '코페르니쿠스'는 달의 2대 크레이터다. 또한 크레이터에 빛이 사방으로 퍼지는 광조(光照) 현상을 볼 수 있는데, 이 하얀 광선이 움푹 파인 곳을 비춰 두 크레이터의 존재를 돋보이게 한다.

한편 돌출한 것처럼 보이는 곳은 산맥이라고 불린다. 여기에는 지구상의 유명한 산맥 이름이 붙어 있는데 특히 '아펜니노 산맥'과 '알프스 산맥'은 쉽게 찾을 수 있는 지형이다.

이 지형들은 의외로 보름달이 뜰 때 잘 보이지 않는다. 달이 이지러지기 시작하는 무렵 태양빛을 비스듬히 받는 시기에 울퉁불퉁한 표면에 그림자가 생겨 입체적으로 보인다.

인류가 최초로 달에 발자국을 찍은 장소, 즉 1969년에 아폴로 11호가 착륙한 곳은 '고요의 바다'였다. 바다라고 해도 물이 있는 것은 아니다. 달에 거대한 천체가 충돌하면서 달의 내부에 있던 마그마가 지상으로 흘러나와 만들어진 용암 지형이다. 바다 위에는 그 후에도 많은 운석이 충돌하여 크고 작은 크레이터를 만들었다.

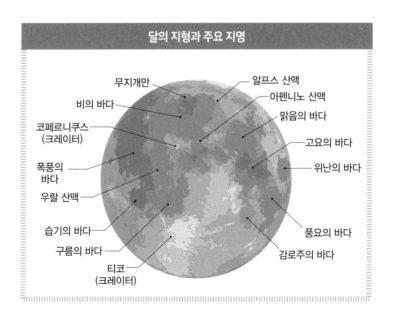

달의 지형과 주요 지명

무지개만
알프스 산맥
비의 바다
아펜니노 산맥
맑음의 바다
코페르니쿠스 (크레이터)
고요의 바다
폭풍의 바다
위난의 바다
우랄 산맥
습기의 바다
풍요의 바다
구름의 바다
티코 (크레이터)
감로주의 바다

달에서 가장 하얗게 빛나는 '육지' 부분은 표면이 심하게 울퉁불퉁한 지형이다. 인류가 최초로 달에 도착했을 때 착륙하기에는 위험이 따르는 육지보다 비교적 안전한 바다를 선택했다.

 ## 달의 내부는 기울어졌다?

카구야의 또 다른 큰 성과는 달 내부의 밀도 분포를 밝혀낸 것이다. 카구야는 달 전체의 중력 분포를 세밀하게 조사했다. 탐사선이 달 주위를 돌 때 중력이 강한 부분에서는 탐사선을 끌어당겨 낮은 고도로 날게 되고, 반대로 중력이 약한 부분에서는 높은 고도로 날게 되는 것을 발견하고 달의 중력 이상 장소를 특별히 지정했다.

달 내부의 밀도가 낮으면 중력이 약해지고 밀도가 높으면 중력이 강해진다. 조사 결과 달 앞면(지구에서 보이는 면)과 뒷면은 중력 분포에 큰 차이가 있었다. 다시 말해 달의 내부 구조가 지구와 같은 동심원 구조가 아니라 한쪽으로 조금 기울어져 있다는 뜻이다. 달이 지구의 영향을 받지 않고 독립적으로 만들어졌다면 대부분의 천체와 마찬가지로 내부 구조가 동심원 모양이었을 것이다. 달의 내부 구조가 기울어진 것은 앞에서 설명한 거대 충돌설을 뒷받침한다.

카구야가 얻은 방대한 데이터는 지금도 계속 해석되고 있다. 아폴로가 달에 설치한 지진계 기록과 카구야의 데이터 해석을 통해 달의 내부에는 지구의 외핵처럼 액체로 이루어진 층이 존재할 가능성도 제기되었다.

아폴로가 달에 착륙한 이후에도 미국, 러시아, 일본, 중국 등이 앞다퉈 달 탐사에 나서고 있다. 최근에는 중국의 창어(嫦娥) 1호(2007년), 창어 2호(2010년), 달 표면에 연착륙한 창어 3호(2013년) 외에도 인도의 찬드라얀(Chandrayaan) 1호(2008년) 등 수많은 탐사선이 달의 비밀을 조사했다.

시간이 지나면서
북극성이 바뀌는 이유

 북극성을 찾으려면?

움직이지 않고 늘 하늘의 같은 위치에 떠 있는 별이 있다. 바로 정북쪽 하늘에서 빛나는 북극성이다. 폴라리스라고도 불리는 이 별은 여행자에게 길잡이가 되어주는 꽤 믿음직한 별이다.

밤하늘에서 북극성을 찾을 수 있는 사람은 얼마나 될까?

북쪽 하늘에서는 북두칠성과 카시오페이아자리가 늘어선 모습을 가장 쉽게 알아볼 수 있다. 밝은 별들이 특징적인 배열로 늘어서 있으므로 잘못 볼 일이 거의 없다. 특히 국자처럼 생긴 북두칠성은 큰곰자리라는 별자리의 일부로 매우 알기 쉽게 늘어서 있다.

북두칠성을 이용하면 북극성을 쉽게 찾아낼 수 있다. 일곱 개의 별 중 국자의 물을 담는 부분 끝에 두 개의 별이 있다. 이 별들 사이의 거리를 선으로 연결하여 다섯 배 연장하면 그 끝에 빛나는 이등성이 보일 것이다. 이것이 북극성이다.

한편 북극성을 끼고 북두칠성과 짝을 이루는 별자리인 카시오페이아자리에서도 북극성을 찾을 수 있다. W자 모양의 카시오페이아자리는 북두칠성과 비교하면 빛이 조금 약하지만 쉽게 찾을 수 있는 별자리 중 하나다.

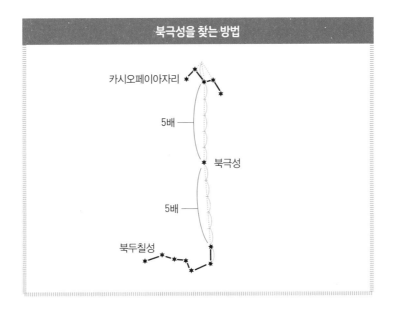

북극성을 찾는 방법

위 그림과 같은 방법으로 북극성의 위치를 찾을 수 있다. 봄부터 여름까지는 북두칠성에서, 가을부터 겨울까지는 카시오페이아자리에서 찾기 쉬운 높이에 나타나므로 북극성을 찾을 때 참고하면 도움이 된다.

북극성은 작은곰자리의 방향으로 지구에서 430광년 떨어진 곳에 위치하는 항성(태양처럼 스스로 빛을 내는 별)이다. 지구가 자전해도 움직이지 않는 방향, 즉 북극점 바로 위에 있기 때문에 북극성을 찾으면 북쪽을 알 수 있다. 북극성의 바로 아래쪽이 지도상의 북쪽을 나타낸다.

북극성으로 위도를 알 수 있다

북극성의 편리한 점은 그뿐만이 아니다. 북극성의 고도에서 자신이 있는 장소의 지구상 위도(북위)도 알 수 있다. 특별한 도구를 사용하지 않고 북극성의 고도를 간단하게 측정하는 방법을 알아보자.

팔을 쭉 펴서 주먹을 쥔다. 이때 주먹 한 개의 각도는 약 10도와 같다. 북극성을 찾은 뒤 지상에서부터 북극성의 높이까지 몇 개의 주먹이 들어가는지 주먹의 수를 센다.

도쿄에서는 주먹 세 개 반 정도, 홋카이도에서는 주먹 네 개

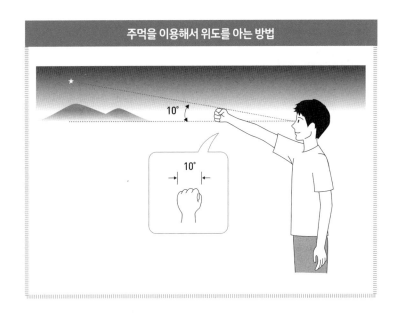

주먹을 이용해서 위도를 아는 방법

에서 네 개 반, 오키나와에서는 주먹 두 개 반에서 세 개 정도일 것이다. 도쿄는 북위 35도이므로 북극성의 높이가 정확히 위도가 된다(북위 37.5도인 서울에서는 주먹 세 개 반, 북위 33도인 제주도 서귀포에서는 주먹 세 개, 한반도 최북단인 함경북도 온성에서는 북위 43도로 주먹 네 개가 들어간다-감수자).

 북극성은 시대마다 달라진다?!

이집트의 피라미드는 방위를 정확하게 재는 도구가 없는 시대였는데도 정확하게 남북을 향해 건설되었다. 이는 별을 기준으로 방향을 특정했다고 추측할 수 있다. 그럼 북극성을 이용한 것일까?

사실은 이집트 기자(Giza)의 대피라미드(쿠푸왕의 무덤)가 건설된 기원전 2500년경 현재의 북극성인 작은곰자리의 알파(α)별은 정북쪽에서 20도 가까이 서쪽에 있었다. 그렇다면 현재 우리가 보는 북극성이 조금씩 북쪽으로 이동한 것일까?

북극성을 비롯한 항성은 하늘 위를 자기 멋대로 이동하지 않는다. 그렇다면 위도가 달라진 이유는 무엇일까? 북극성이 움직인 것이 아니라 지구가 지축을 중심으로 흔들렸기 때문이다. 이 현상을 '세차운동'이라고 부른다.

지구는 달과 태양의 인력 때문에 약 2만 6,000년 주기로 자전축의 기울기가 변화한다. 마치 팽이가 흔들리며 회전하는 모습과 비슷하다. 따라서 지상에서 보면 반대로 천구상의 별들이 2만 6,000년 주기로 이동해서 보이게 된다.

현재는 작은곰자리의 알파별이 하늘의 북극 부근에 있어서 북극성(폴라리스)이라고 불린다. 하지만 늘 하늘의 북극에 정해진 별이 있는 것은 아니다. 실제로 북극성은 2016년 시점에 정확하게는 하늘의 북극에서 약 1도 정도 벗어난 위치에 있다.

이집트의 피라미드가 건설된 당시에는 용자리의 알파별 투반

1만 1,000년 후의
북극성은 거문고자리
알파별 베가

5,000년 전의
북극성은 용자리
알파별 투반

현재의 북극성은
작은곰자리
알파별

회전 운동(세차)

자전축을 가리키는 방향

북극

적도

남극

지구의 자전축

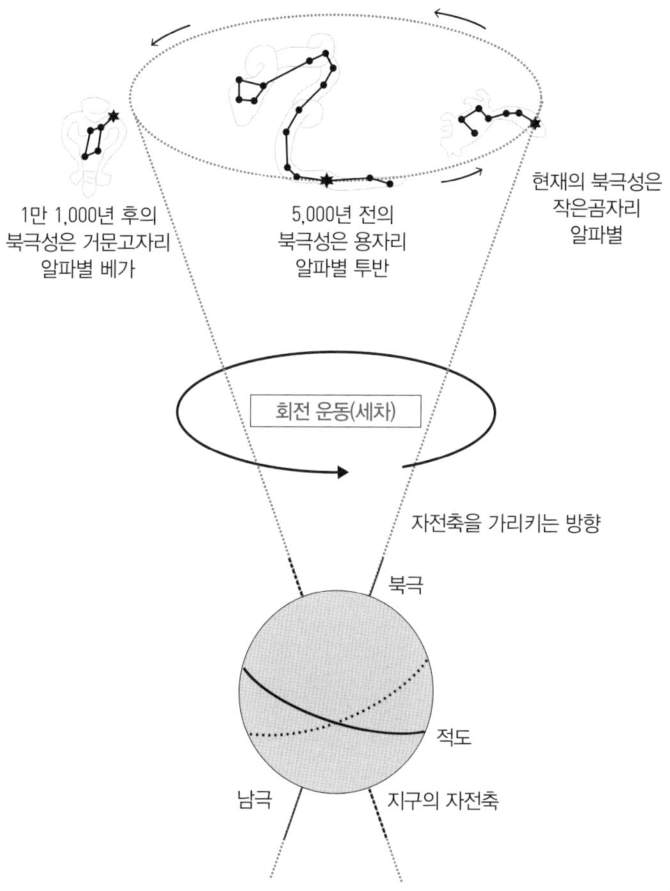

참고 : 『오카야마의 별자리 관찰(岡山のスターウオッチング)』, 마에하라 히데오(前原英夫) 저,
산요신문사(山陽新聞社)

(Thuban)이 하늘의 북극에 가까운 장소에서 빛났다. 따라서 지금으로부터 1만 1,000년 후에는 밝은 0등성인 베가(직녀성, 거문고자리의 알파별)가 북극을 가리키는 별이 될 것이다.

별이 무수히 떠 있는데도
밤하늘은 왜 어두울까?

 올베르스의 역설

밤이 되면 하늘이 어두워지는 이유는 무엇일까?

'낮이 밝은 것은 태양빛이 있기 때문이며 밤이 어두운 것은 해가 저물어 태양빛이 사라졌기 때문이다. 달빛이나 별빛이 있지만, 그것은 햇빛에 비해 매우 어둡다.' 언뜻 보면 초등학생도 대답할 수 있을 만한 단순한 퀴즈다.

그러나 잘 생각해보면 밤하늘이 어두운 것은 몹시 이상한 일이다. 우주에는 무수히 많은 별들이 있다. 이 수많은 별들이 각각 작다고는 해도 면적을 유지하며 빛나는 이상, 밤하늘의 틈이

밤하늘은 숲처럼 별로 꽉 채워져 있다

란 틈에는 반드시 겹겹이 별이 있으니 온 하늘이 별로 꽉 채워져 밝게 빛날 것이다.

이를 비유하자면 깊은 숲속에 들어가서 주위를 봤을 때, 먼 곳에 있는 나무가 나무와 나무 사이를 빈틈없이 겹겹이 채운 것처럼 보이기 때문에 숲의 바깥쪽 모습이 전혀 보이지 않는 것과 같다.

이 모순은 18~19세기 독일의 천문학자 하인리히 올베르스 (Heinrich Wilhelm Matthaus Olbers, 1758~1840)의 이름을 따서 '올베르스의 역설'로 불려온 천문학상의 난제였다.

이론상 밤하늘은 밝아야 한다

여기서 별의 밝기에 대해 생각해보자. 태양이 다른 별에 비해 매우 밝은 이유는 특별한 성질을 지닌 별이어서가 아니라 우리와 엄청 가까운 곳에 있기 때문이다. 태양의 밝기(겉보기 등급)는 마이너스 27등급이다.

별의 밝기를 나타내는 단위로는 겉보기 등급 외에 '절대 등급'이 있다. 절대 등급은 모든 항성을 10pc(파섹)인 32.6광년(광년은 빛이 1년 동안 나아가는 거리)의 거리에 나란히 놓고 비교했을 때의 밝기를 말하며, 숫자가 작아질수록 밝아진다. 태양의 절대 등급은 5등급으로 우주에서는 매우 평범한 밝기의 별이다.

별의 밝기는 거리의 제곱에 반비례한다. 예를 들어 절대 등급이 1등급인 별을 326광년 떨어진 거리에서 보면 거리는 10배이고 밝기는 100분의 1, 즉 6등성으로 보인다.

반대로 똑같은 별을 3.26광년 떨어진 거리에서 보면 마이너스 4등성(금성과 똑같은 밝기)과 비슷한 광도가 되어 꽤 밝게 보인다.

한편 하늘 전체에 있는 별을 생각해보면 어떻게 될까? 조건이 좋은 경우로 생각해보자. 하늘이 어두운 곳에서 시력이 좋은 사람의 육안으로 보이는 별의 밝기는 겉보기 등급으로 6등급 정도다. 6등성까지 눈으로 볼 수 있는 별의 총수는 하늘 전체에서 5,600개 정도다. 이중에서 지평선 위에 절반이 보이므로 달빛이 없는 쾌청한 밤에는 3,000개에 가까운 별이 육안으로 보인다.

망원경을 사용하면 보이는 별의 수와 밝기가 어떻게 될까? 육안으로 보이는 6등급의 별보다 어두운 별까지 보인다. 시중에서 판매되는 지름 8센티미터 정도의 천체망원경을 이용해도 이상적인 조건이라면 12등성까지 보인다. 그러면 하늘 전체에서 200만 개의 별이 보인다는 계산이 나온다.

또한 하와이의 마우나케아에 있는 구경 8.2미터의 스바루 망원경을 이용하면 눈으로 18등성까지 볼 수 있으므로 계산상 3억 개나 되는 별을 볼 수 있게 된다.

이렇게 생각하면 '지구에서 멀리 떨어지면 별 한 개의 밝기는 어두워지지만, 별의 수는 똑같은 비율로 늘어나므로 밤하늘은 밝아야 한다'는 올베르스의 주장은 틀리지 않은 것처럼 보인다. 하지만 밤은 어둡다. 왜 이런 모순이 일어나는 것일까?

 ## 비밀에 다가가는 다양한 학설들

올베르스의 역설에 대한 가장 단순 명쾌한 설명은 모든 항성이 지구를 중심으로 규칙적으로 줄지어 있다는 설이다. 즉, 앞쪽에 있는 별 뒤에 또 다른 별이 숨은 것처럼 별들이 나란히 놓여 있다는 발상이다. 그러나 지구가 우주의 중심에 있는 것이 아니며 별이 그런 식으로 줄지어 있을 이유도 없기 때문에 그 설은 받아들여지지 않았다.

한편 예전부터 생각해온 설은 별빛이 지구에 닿기까지 점점 약해진다는 설이다. 사실 우주 공간은 완전한 진공 상태가 아니라 성간 물질이라고 불리는 가스와 먼지가 흩어져 있어서 별빛을 조금씩 흡수하거나 산란한다(성간 흡수라고 한다).

성간 물질이란 구체적으로는 별과 별 사이에 분포되어 있는 분자 구름과 암흑 성운 등을 말한다. 99퍼센트는 수소와 헬륨을 주성분으로 하는 가스로 만들어졌으며 나머지 약 1퍼센트가 탄소나 철 등을 주성분으로 하는 먼지로 추정된다. 특히 먼지는 빛을 흡수해서 먼 곳에 있는 천체일수록 빛이 약해진다.

성간 물질은 은하(은하면)를 따라 많이 분포되어 있기에 가시광선으로는 이 방향으로 멀리 내다보는 것이 어렵지만, 은하 이외에는 꽤 멀리까지 내다볼 수 있는 것으로 알려져 있다. 즉, 성간 흡수만으로는 밤하늘이 어두운 이유를 해결할 수 없다.

 ## 추리 작가가 깨달은 밤하늘의 비밀

올베르스 역설의 해답에 재빠르게 다가간 인물은 뜻밖에도 19

세기 미국의 작가 에드거 앨런 포(Edgar Allan Poe)였다. 단편 소설 『모르그가의 살인 사건』으로도 유명한 이 작가가 만년에 발표한 『유레카(Eureka)』를 인용한 다음 책을 살펴보자(에드거 앨런 포는 아마추어 천문가이기도 했다-감수자).

별들이 끝없이 이어져 있다면 하늘의 배경은 은하처럼 똑같이 빛나 보일 것이다. 별이 없는 곳은 배경 전체에 걸쳐서 단 한 군데도 존재할 수 없기 때문이다. 이러한 상태에서 우리의 망원경이 별이 없는 텅 빈 곳을 여러 방향에서 발견했다는 사실을 설명할 수 있는 유일한 논리는 눈에 보이지 않는 배경까지의 거리가 매우 멀기 때문에 그곳에서 오는 빛이 아직까지 우리에게 도달하지 않았다고 생각하는 것이다.

-에드워드 해리슨(Edward Harrison) 저, 나가사와 고우(長沢 工) 감역
『밤하늘은 왜 어두울까?(darkness at night: a riddle of the universe)』

1929년 미국의 천문학자 에드윈 허블은 멀리 있는 은하일수록 우리에게서 고속으로 멀어진다는 사실을 발견했다. 이는 먼 곳에서는 은하의 후퇴 속도가 빛의 속도를 뛰어넘기 때문에 그 후의 정보가 전해지지 않는다는 뜻이다. 즉, 에드거 앨런 포가 생각했듯이 우주에는 벽(사건의 지평선)이 있어서 한없이 먼 곳은

내다볼 수 없다.

에드윈 허블
(Edwin Powell Hubble, 1889~1953)

 역시 우주는 빛나고 있다

우주에는 지평선이 있을까? 이 질문에 대답하기 위해 우주의 기원을 더듬어보자.

현재 유력시되는 빅뱅 우주론은 1940년대에 처음 등장했다. 우주는 빅뱅이라고 불리는 상전이(相轉移: 물질이 온도, 압력, 외부 자기장 등 일정한 외적 조건에 따라 한 상에서 다른 상으로 바뀌는 현상-옮긴이)를 통해 불덩어리 상태로 탄생했다는 설이다. 우주가 빅뱅으로 팽창하는 과정에서 수소나 헬륨 등의 원자핵이 탄생하여 전자가 우주 공간을 돌아다니게 되었다. 이 전자는 광자의 진행을 방해하는 탓에 빛이 똑바로 나아가지 못하고 혼돈 상태에 빠졌다.

우주는 팽창함에 따라 온도가 점점 떨어졌다. 그와 함께 전자의 운동 에너지가 저하되어 수소와 헬륨 등의 원자핵에 전자가 들어갔다. 그러자 그때까지 자유롭게 움직이던 전자 때문에 진행을 방해받았던 광자가 우주 공간을 직진할 수 있게 되었다. 이 순간을 '우주의 맑게 갬' 현상이라고 부른다.

그때 우주에 풀려난 빛은 어떻게 되었을까?

만약 지금도 눈에 보이는 빛(가시광)이 우주를 직진한다면 지구에 있는 우리가 봐도 밤하늘 전체가 밝게 빛나야 한다. 그런데 우리 눈에는 왜 그렇게 보이지 않는 걸까? 풀려난 빛은 적색 편이로 인해 눈에는 보이지 않는 빛, 즉 전파가 되고 말았기 때문이다.

 적색 편이와 도플러 효과

적색 편이는 생소한 말일 것이다. 그러나 학창 시절 물리 수업에서 '도플러 효과'라는 말을 배운 사람이라면 이해하기 쉬울 수도 있다. 예를 들어 음파나 전자파(빛)를 내보내는 물체가 있다고 하자. 자신 쪽으로 가까이 올 때는 파동의 폭이 좁아져서 파장이 짧아진다. 반대로 자신에게서 멀어져 갈 때는 파동의 폭이 넓어져서 파장이 길어진다. 이것이 도플러 효과다.

이는 구급차 사이렌 소리의 변화로 누구나 경험할 수 있다. 구급차가 자신 쪽으로 가까이 오면 사이렌 소리가 크고 높아지는 반면, 구급차가 눈앞을 지나쳐서 멀어져 갈 때는 소리가 작아지

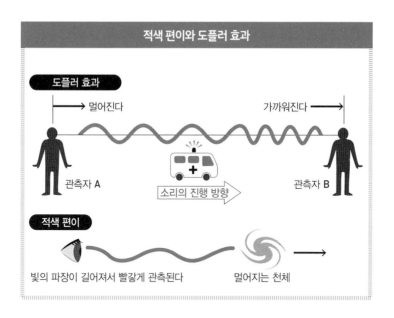

적색 편이와 도플러 효과

도플러 효과

→ 멀어진다

가까워진다 ←

관측자 A

소리의 진행 방향

관측자 B

적색 편이

빛의 파장이 길어져서 빨갛게 관측된다

멀어지는 천체

면서 낮아진다. 참고로 연못이나 얕은 웅덩이에서 소금쟁이가 수면에 만드는 물결무늬를 잘 관찰해보기 바란다. 앞쪽의 진행 방향은 물결무늬의 폭이 조금 좁고 뒤로 갈수록 물결무늬의 간격이 넓어진 것을 알 수 있다. 이것도 도플러 효과의 한 예다.

별빛도 마찬가지다. 우주의 팽창으로 별들이 멀어진 탓에 우주에 고속으로 풀려난 빛은 지구에서 보면 파장이 길어져서 빨갛게 보인다. 이를 '적색 편이'라고 부른다. 빅뱅이 일어난 뒤로 138억 년이 지나는 사이에 빛의 파장이 꽤 늘어나서 현재는 붉은 빛뿐 아니라 적외선도 초월하여 절대 온도 3K(영하 270도)에 해당하는 전파(마이크로파)로 우주의 모든 방향에서 지구에 닿는다. 이를 '우주배경복사'라고 한다.

1965년 미국 벨연구소의 아노 펜지어스(Arno Allan Penzias, 1933~)와 로버트 윌슨(Robert Woodrow Wilson, 1936~)이 발견한 우주배경복사야말로 천공 전면을 뒤덮은 빛이다. 하지만 우주의 팽창 때문에 우리 눈으로는 볼 수 없는 파장으로 변하고 말았다. 우리의 눈이 마이크로파까지 느낄 수 있다면 올베르스가 말한 대로 밤하늘은 밝을 것이다.

 ## 밤하늘을 밝히기에는 별의 수명이 너무 짧다

올베르스의 역설, 즉 밤하늘이 어두운 것에는 또 한 가지 이유가 있다. 눈에 보이는 별빛만으로 밤하늘을 밝게 만들기에는 별의 나이(우주의 나이)가 너무 젊다는 것이다.

이 사실을 깨달은 사람은 19세기 후반에 활약한 영국의 과학자 윌리엄 톰슨(William Thomson, 1824~1907, 훗날 켈빈 경으로 불림)이다. 우주에서는 별이 계속 탄생한다. 탄생한 모든 별이 한없이 밝게 빛난다면 별이 무한히 탄생하고 무한히 살아서 이론상 밤하늘은 밝아진다.

그렇지만 실제로 밝게 빛나는 별의 수명은 수천만 년에서 수억 년 정도이며 장수하는 어두운 별이라도 수명이 100억 년 정도다. 우주가 탄생한 뒤 138억 년 동안 별은 태어나고 죽기를 반복했다. 따라서 별이 한없이 계속 증가해서 밤하늘을 밝게 비추는 일은 없다.

톰슨은 항성의 빛만으로 밤하늘을 밝게 비추기에는 항성의 수명이 너무 짧다는 것을 깨달았다. 그는 물리학적으로 계산하여 우주 규모를 현재의 10조 배로 넓히거나 또는 별의 밀도와 수명을 월등히 늘리지 않는 한 밤하늘이 밝아지지 않음을 증명했다.

이처럼 별의 밝기만으로 밤하늘이 밝아지지 않는 것은 우주가 유한하며 별의 수명도 유한하다는 사실을 증명한다고 할 수 있다.

용사 오리온의
오른쪽 어깨가
사라지는 날

오리온자리의 붉은색 일등성

일반인에게 가장 많이 알려진 별은 북쪽 하늘의 북두칠성과 나란히 빛나는 겨울 밤하늘의 왕자 오리온자리다. 일등성 두 개와 이등성 다섯 개로 구성된 장구 모양의 배열은 한 번 기억하면 두 번 다시 잊을 수 없는 그 별자리만의 특징이다.

용사 오리온의 허리띠 위치에 해당하는 삼형제별인 알니타크(Alnitak), 알닐람(Alnilam), 민타카(Mintaka)는 동쪽의 지평선에서는 세로로 세 개가 나란히 등장하며, 남쪽 하늘의 높은 곳을 거의 가로로 늘어선 모양으로 통과한다. 즉 별자리가 동쪽 하늘, 남

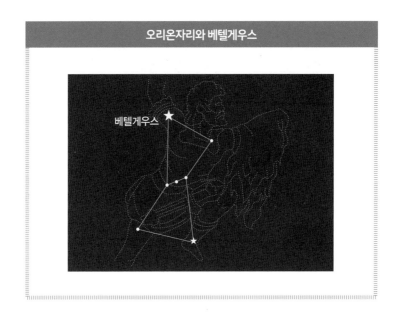

베텔게우스

쪽 하늘, 서쪽 하늘로 이동함에 따라 보이는 각도가 달라진다. 시간 변화에 따라 기울기가 달라지는 용사의 모습을 확인해보자.

이 오리온자리에는 가까운 미래에 초신성 폭발이 일어날 가능성 때문에 주목받고 있는 항성이 있다. 바로 오리온자리의 붉은색 일등성 베텔게우스(Betelgeuse)다. 큰개자리의 시리우스(Sirius), 작은개자리의 프로키온(Procyon)과 함께 '겨울의 대삼각형(Winter Triangle)'을 이루는 별이며, 밤하늘에서 아홉 번째로 밝은 항성이다.

일반적으로 항성은 일생을 보낸 후에 크게 부풀어서 적색 거성이 되는데, 그 후 가벼운 별은 행성상 성운을 거쳐 백색 왜성이 되며, 무거운 별은 초신성 폭발을 일으켜서 마지막에는 중성자별이나 블랙홀이 된다(93쪽 참조).

베텔게우스는 지름이 태양의 1,000배 가까이 되는 적색 초거성 중 하나다. 만약 태양의 위치에 베텔게우스를 놓으면 목성 부근까지 도달할 정도의 크기다. 허블 우주망원경 관측을 통해 지름이 해마다 변한다는 사실과 표면의 모양이 둥글기보다 울퉁불퉁하다는 사실이 확인되었다. 이 사실로 미루어볼 때 베텔게우스는 이미 노년기에 이르렀고, 질량으로 봐도 분명히 초신성 폭발이 일어나 일생을 마감하리라고 예상할 수 있다.

베텔게우스는 이미 폭발했다?

인류는 초신성 폭발의 모습을 과거에 목격한 적이 있다. 이를테면 황소자리의 뿔 끝에 있는 게성운(M1)은 이미 1054년에 폭발한 초신성의 잔해다. 1054년 당시 폭발한 별빛이 낮에도 며칠 동안 보였다는 기록이 일본 시인 후지와라노 사다이에(藤原定家)의 일기 『메이게쓰키(明月記)』에 전문으로 남아 있다. 이 폭발 모습은 중국의 문헌에도 '객성(客星)'이라는 표현으로 남아 있지만, 유럽을 비롯한 다른 나라에는 이상하게도 기록이 남아 있지 않다.

우리가 사는 은하 속에서 일어나는 초신성 폭발은 평균 100년에 한 번 정도 볼 수 있었을 것으로 예상된다. 하지만 공교롭게도 천체망원경이 발명된 후 400년 동안 밝은 초신성은 나타나지 않았다.

오리온의 늙은 별, 베텔게우스가 최후를 맞으려고 하는 모습을 천문학자들은 마른침을 삼키며 지켜보고 있다. 지구에서 베텔게우스까지의 거리는 640광년. 이 정도로 가까운 거리에서 초신성 폭발을 목격하는 것은 인류 사상 최초다.

베텔게우스의 폭발을 계기로 지금까지 다 해명하지 못한 초신성 폭발 구조가 드러날 뿐만 아니라 우리 몸을 형성하는 원소의 기원에 관해서도 중요한 정보를 줄 것이라는 기대가 높아지고 있다.

오늘 밤 베텔게우스가 폭발하는 모습을 볼 수 있을지도 모르지만 대부분의 천문학자들은 100만 년 이내에 폭발할 것이라고 생각한다. 베텔게우스가 폭발하면 3~4개월 동안은 보름달의 100배나 더 밝게 빛나서 낮에도 확실히 보일 것이다. 그리고 4년이 지나면 육안으로는 보이지 않는 밝기가 되고 말 것이다. 즉, 거인 오리온이 오른쪽 어깨를 잃는 것이다.

그런데 태양계에서 베텔게우스까지는 약 640광년 정도 떨어져 있다. 빛이 640년 걸려야 나아갈 수 있는 거리이므로 초신성 폭발이 일어났다고 해도 우리는 640년 동안 그 사실을 알 수 없다. 따라서 베텔게우스가 이미 폭발했을 가능성도 있다는 얘기다.

여행지에서만
볼 수 있는
별이 총총한 하늘

 멋진 별을 볼 수 있는 포인트 몇 곳

도시에 살면 밤하늘에 가득한 별을 바라볼 기회가 좀처럼 없다.

인공위성이 촬영한 도시의 밤 모습을 보면 마치 가로등과 도로, 철도 등의 빛으로 그려놓은 것처럼 보인다. 비행기로 야간 비행할 때 깨닫는 사람도 있을 텐데, 대체로 도시는 인가나 상점의 불빛과 도로의 가로등, 운동장의 야간 조명 등 때문에 밤에도 빛으로 넘쳐난다.

그런 도시를 떠나서 밤하늘에 별이 총총한 뉴질랜드나 북유럽의 나라로 떠나고 싶은 사람도 있을지 모르겠다. 그러나 일본에서는 굳이 해외에 가지 않아도 멋진 별을 볼 수 있는 포인트가 몇 군데 있다.

예를 들면 일본 전국에 공개되어 있는 천문대 시설, 즉 공개 천문대는 400군데가 넘는다. 한국에는 50군데 정도 있다고 한다. 해외에서는 천문대라고 하면 대학교나 연구기관이 소유하는 연구 시설을 뜻한다.

세계에서 가장 큰 공개 천문대는 일본 효고현의 니시하리마 천문대다. 이곳에는 일본 최대 구경의 2미터 반사 망원경이 있다. 육안으로는 확인할 수 없는 먼 우주의 모습을 들여다볼 수 있다. 니시하리마 천문대가 서쪽의 일인자라면 동쪽의 일인자는 현립 군마 천문대다. 군마 천문대에도 1.5미터 반사 망원경이 있다.

 일본 최북단과 최남단의 별하늘

내가 방문한 곳 중에서 일본 최북단에 있는 공개 천문대는 2010년에 문을 연 홋카이도의 나요로 시립천문대 기타스바루다. 북위 44도 22분에 위치한 이 천문대는 각종 음악 이벤트도 열리는 독특한 장소다.

가장 놀라웠던 점은 백조자리의 일등성 데네브(Deneb)가 일 년

내내 지평선 아래로 저물지 않는 점이다. 일본의 수많은 지역에서는 여름의 대삼각형인 거문고자리의 베가(직녀성)가 여름밤 하늘에서 바로 위를 통과하지만, 필자가 있는 홋카이도에서는 데네브가 바로 위를 통과한다.

데네브를 포함해서 백조자리의 별이 늘어선 모습은 '북십자'라고도 하는데, 일본의 수많은 지역에서는 가을이 되면 북십자가 서쪽 하늘로 저물어간다. 그러나 위도가 높은 나요로에서는 북십자 끝에 있는 데네브가 저물지 않는 별, 즉 '주극성(週極星)' 중 하나다.

한편 오키나와현 이시가키섬에 있는 이시가키 천문대는 일본 최남단의 공개 천문대다. 이시가키시와 일본 국립천문대 등 여섯 곳이 공동으로 사용하는 독특한 천문대다.

이곳은 북위 24도 22분에 자리 잡고 있으며 홋카이도 나요로보다 위도가 20도 내려간 위치다. 이시가키섬 천문대의 특징은 구경 1.05미터의 '무리카부시 망원경'을 보유하고 있다는 점이다. 무리카부시는 '하나로 합치다'와 '묘성(昴星)'을 모두 뜻하는 일본어 '스바루'를 오키나와에서 부르는 말이다(묘성은 황소자리의 플레이아데스성단에서 가장 밝은 6~7개의 별로, 주성은 황소자리의 이타별 알키오네다. 묘성에 대해서는 이 책 67~68쪽 참조-옮긴이).

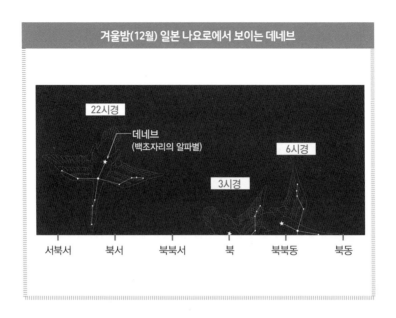

겨울밤(12월) 일본 나요로에서 보이는 데네브

22시경

데네브
(백조자리의 알파별)

6시경

3시경

서북서　　　북서　　　북북서　　　북　　　북북동　　　북동

　봄이 되면 이시가키섬에서 남십자성을 볼 수 있다(북위 33도 이남에서만 볼 수 있으므로 한국에서는 보이지 않는다-옮긴이). 그 기간은 6월 중순 정도까지다. 일본에서 남십자성 전체를 보려면 오키나와에서도 이시가키섬 부근까지 남쪽으로 더 내려가야 가능하다. 태양계에 가장 가까운 항성 켄타우루스자리 알파별(리겔 켄타우루스)도 이곳 이시가키섬에서라면 볼 수 있다.

북극성은 어디에서 보일까?

하늘 전체에는 별자리 88개가 있다. 지구상에서는 경도가 다른 장소에서 보이는 별자리는 같지만 사계절마다 변화한다. 한편 위도가 다른 장소에서는 계절이 같아도 보이는 별자리가 달라진다.

예를 들어 천구의 남극 주변에 있는 별은 적도를 넘어서 남반구에 가야 볼 수 있다. 그러므로 일본에서는 천구의 남극 가까이에 있는 네 별자리인 팔분의자리, 극락조자리, 카멜레온자리, 테이블산자리는 전혀 볼 수 없다(88개의 별자리 중 한국에서 볼 수 있는 별자리는 67개이고, 일부만 보이는 별자리가 11개, 완전히 보이지 않는 별자리는 10개다-옮긴이).

반대로 남반구에 있으면 북극성을 볼 수 없다. 북극점에 서서 머리 위를 올려다보면 북극성이 보이지만, 적도에 가면 북극성은 지평선 위에 아슬아슬하게 보인다.

북반구에서 길을 잃으면 북극성이 길라잡이가 된다. 북쪽을 가리킬 뿐만 아니라 북극성의 고도가 자신이 있는 위도와 같기 때문이다(28~29쪽 참조).

또한 하늘 전체에는 일등성보다 밝은 항성이 21개나 있다. 가장 밝은 항성은 큰개자리의 시리우스로 마이너스 1.5등성, 그 뒤를 이어 용골자리의 카노푸스(Canopus)로 마이너스 0.7등성

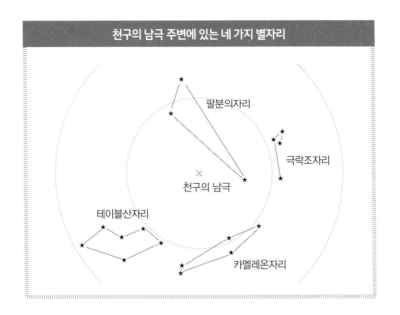

천구의 남극 주변에 있는 네 가지 별자리

팔분의자리

극락조자리

천구의 남극

테이블산자리

카멜레온자리

이다.

하지만 카노푸스는 북일본에서 볼 수 없고 남십자자리의 일
등성인 아크룩스(Acrux), 베크룩스(Becrux)는 일본의 거의 모든 장
소에서 볼 수 없다. 일본 내에서는 이시가키섬 등 야에야마 제
도에 가야 일등성 21개를 전부 볼 수 있다(한국의 경우, 제주도에서
카노푸스를 볼 수 있다. 이 별을 보면 장수한다는 옛말이 있으니, 제주도에
가면 한번 찾아보기 바란다—감수자).

이렇듯 장소와 계절에 따라, 또는 환경에 따라 볼 수 있는 천
체가 달라진다.

최근에는 자신이 사는 곳에서는 볼 수 없는 별자리를 보기 위해 여행을 떠나는 사람들이 늘고 있다. 이처럼 낭만 가득한 천체 관측을 즐기는 일은 인생을 좀 더 풍요롭게 해준다.

남십자자리를
보러 남반구에
갔다 올게.

우주와 천체를 항해하는 낭만 여행

화성에는
생명체가 존재한다?

 ## 화성 대접근

밤하늘에 붉은 별이 빛나는 경우가 있다. 태양이 지나는 길(황도) 부근, 즉 동쪽 하늘에서 남쪽 하늘로 이동하여 서쪽 하늘로 저물어가는 경로에 유달리 붉게 빛나는 별. 그것은 아마 화성일 것이다.

겨울이라면 황소자리나 쌍둥이자리처럼 남쪽 하늘의 높은 별자리 가운데, 여름이라면 전갈자리나 궁수자리처럼 남쪽 하늘의 낮은 별자리 가운데 보인다. 화성은 태양 주위를 1.88년(1년 10개월)에 한 번 공전한다. 한편 지구는 1년에 한 번 공전하므로

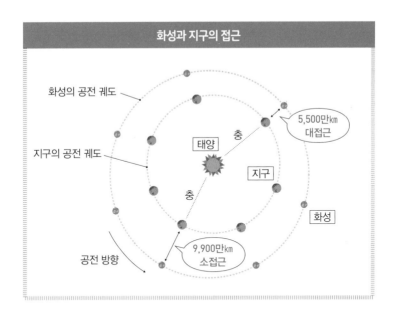

화성과 지구의 접근

- 화성의 공전 궤도
- 지구의 공전 궤도
- 태양
- 충
- 지구
- 충
- 화성
- 5,500만km 대접근
- 9,900만km 소접근
- 공전 방향

화성과 지구가 태양을 도는 속도는 서로 다르다(지구는 초속 30킬로미터, 화성은 24킬로미터다−감수자).

천체의 운행 경로를 '궤도'라고 부른다. 화성과 지구가 각각 자신의 속도로 궤도를 운행하면 2년 2개월마다 태양과 지구, 화성의 각 위치가 같은 직선상에 일렬로 늘어서게 된다. 태양−지구−화성 순서로 늘어섰을 때를 '화성의 충(衝, opposition)'이라고 부른다. 이 시기에 화성이 지구에 가장 가까이 접근하는 것이다. 태양의 반대편이기에 충을 맞이하면 한밤중에 남쪽 하늘에서 붉게 빛나는 화성을 볼 수 있다.

충 가운데서도 화성이 지구에 가장 가까워질 때를 '화성 대접
근'이라고 부른다. 이때 지구와 화성의 거리는 5,500만 킬로미
터다.

한편 충 중에서도 지구와 화성의 거리가 가장 먼 때를 '화성
소접근'이라고 한다. 이때의 거리는 9,900만 킬로미터 정도다.
똑같은 충의 시간대라도 접근 거리가 이 정도로 다른 것은 화
성의 궤도가 타원이기 때문이다. 지구의 궤도도 엄밀히 말하면
타원이지만 궤도가 찌그러진 정도는 화성에 비하면 아주 적은
편이다.

2018년은 화성 대접근을 즐길 수 있는 좋은 기회다(한국에서는
2018년 7월 31일 오후 5시경 화성 대접근으로 화성을 가장 잘 관찰할 수 있
었다-옮긴이). 일반적으로 화성이 접근할 때는 일등성보다 약간
밝게 보이는 정도인데, 대접근 때는 기분 나쁠 정도로 밝고 크
게 보인다. 그런 화성의 모습은 역사적으로도 특별한 소동을 일
으켰다(일찍이 서양권에서는 로마 신화의 전쟁의 신 마르스(Mars)의 이름
을 화성의 이름으로 삼았던 데서 알 수 있듯이 불길한 행성으로 여겨졌다-
감수자).

일본에서는 1877년 세이난 전쟁이 일어나 그해 9월에 일본의
정치가 사이고 다카모리(西鄕隆盛)가 자결했다. 그때 화성과 지
구의 거리가 5,630만 킬로미터였고, 화성은 지구와 충의 위치에

일렬로 늘어서서 깊은 밤에도 마이너스 3등성의 밝기로 빛났다고 한다.

요염하게 붉게 빛나는 화성을 당시 사람들은 '사이고 별'이라고 불렀다. 당시 화성의 표면에 사이고의 모습이 보인다는 소문이 끊이지 않았다고 한다.

 화성인을 찾아서

화성에는 화성인이 산다? 지금까지 수많은 소설과 영화의 소재로 쓰이며 사람들의 흥미를 끌어온 주제다.

19세기 말에서 20세기 초, 미국에 퍼시벌 로웰(Percival Lowell)이라는 자산가가 있었다. 그는 어떤 계기로 화성에 마음을 빼앗겼다. 그것은 '화성 표면에 운하가 보였다'는 오보에서 시작되었다.

당시 이탈리아의 천문학자 조반니 스키아파렐리(Giovanni Schia-parelli, 1835~1910)가 화성의 상세한 스케치를 남겼다. 스키아파렐리는 그 스케치에서 직선 모양의 구조를 여러 개 그린 다음 이를 이탈리아어로 수로를 의미하는 'canale'이라고 표현했다. 이 단어가 영어권으로 넘어가면서 'canal', 즉 '운하'로 오역되어 전해졌다. 그 바람에 로웰은 화성에 운하를 건설할 정도의 고등생물, 즉 화성인이 살고 있다고 확신했다.

로웰은 사재를 털어서 미국 애리조나주에 사설 천문대를 건설하고 화성 관측에 몰두했다. 사실 지금으로부터 약 100년 전까지는 화성인의 존재를 꽤 일반적으로 믿었다.

결국 화성인의 존재 여부에 대한 진위는 모른 채 로웰은 화성 문명을 상상하며 생을 마감했다. 인류가 '화성에는 화성인이 존재하지 않는다'라고 인식한 것은 화성에 탐사선이 발사된 1960년대 이후다.

이 화성 운하설에 영향을 받은 영국의 작가 허버트 조지 웰스 (Herbert George Wells)는 1898년에 『우주전쟁(The War of the Worlds)』을 발표한다. 지구인보다 고도로 발달한 문명을 지닌 문어 모습의 화성인이 지구를 공격한다는 내용으로 SF 소설계의 명작이다.

40년 후 명배우 오손 웰즈(Orson Welles)가 이 작품을 라디오 드라마로 만들어서 방송했다. 1938년 미국 전역에 방송된 이 라디오 드라마는 화성인이 미국을 공격했다고 가정했다. 방송 중 "이것은 드라마입니다"라고 여러 번 설명했는데도 드라마는 미국 전역에 큰 혼란을 일으켰다. 수많은 청취자들은 화성인이 실제로 공격했다고 착각한 것이다.

발전하는 화성 탐사

라디오 드라마가 미국 전역에 혼란을 일으킨 후 시대가 흘러 20세기 후반 우주 개발 시대에 들어서자 무인 탐사선이 연이어 화성을 탐사했다. 1964년 미국이 발사한 탐사선 매리너(Mariner) 4호는 세계 최초로 화성 근접 촬영에 성공했다.

매리너 4호가 송신한 화상을 보면 운하는커녕 생물의 흔적조차 없었다. 화성의 대기는 지구의 170분의 1, 평균 기온도 영하 23도로 혹독한 환경이라는 사실도 밝혀졌다. 하지만 '화성에 생명체가 존재하는가?' 또는 '예전에 존재했는가?'라는 논쟁을 둘러싸고 아직까지도 명확한 해답을 얻지 못했다.

화성이 붉게 보이는 이유는 그 표면이 녹, 즉 산화철을 포함한 모래로 뒤덮여 있기 때문이다. 또한 화성은 지구와 마찬가지로 지축이 25도 기울어져 있어서 사계절의 변화가 일어난다. 미량의 대기는 대부분이 이산화 탄소다.

현재까지도 러시아, 미국, 유럽이 수많은 화성 탐사선을 발사해왔다. 2011년 11월에는 NASA가 약 1톤 무게의 본격적인 화성 탐사용 로버 큐리오시티(Curiosity)를 화성에 보냈고 2012년 8월에 무사히 착륙했다. 큐리오시티는 육륜구동으로 거대한 바위를 타고 넘을 수 있는 능력을 지녔다.

큐리오시티의 화성 탐사를 통해 화성의 암석에는 점토 광물과 황산염 광물이 함유되어 있다는 사실을 밝혀냈다. 점토는 입자가 매우 고운 규산염 광물로 물이 포함되어 있었다고 추정되었다. 이 광물들을 함유하는 암석이 퇴적한 시대, 화성 표면의 물은 염분이 별로 없는 중성에 가까운 성질이었다는 사실도 알 수 있었다.

태곳적의 화성은 잔잔한 바다로 뒤덮여서 생명체가 탄생하기 쉬운 환경이 아니었을까? 지금으로서는 큐리오시티로부터 메테인가스 등의 유기물이나 생명체의 흔적을 발견했다는 보고가 없지만, 앞으로의 탐사에 기대가 모아지고 있다.

행운과 평안을 가져다주는
별자리 여행

 겨울의 밤하늘에서 볼 수 있는 별자리

밤하늘을 관측할 때 가장 볼 만한 것은 겨울철 별자리다. 겨울철에 하늘이 개면 공기가 맑아져 밤하늘이 매우 아름답다. 또 겨울밤의 하늘은 일등성이 일곱 개나 있어 대단히 화려하다. 그 중에서 가장 눈에 띄는 별은 남동쪽의 낮은 곳에서 보이는 큰개자리의 시리우스다. 시리우스는 마이너스 1.5등성. 지구에서 8.6광년 떨어진 위치에 있는 근거리의 별이기도 하며 밤하늘에서 유난히 밝게 빛나는 항성이다.

시리우스에서 시계 방향으로 작은개자리의 프로키온, 쌍둥이

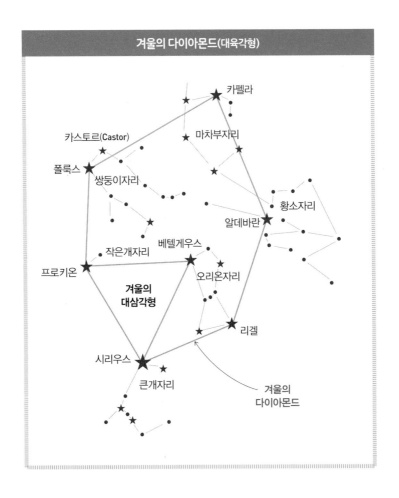

겨울의 다이아몬드(대육각형)

카펠라

카스토르(Castor)

마차부자리

폴룩스

쌍둥이자리

황소자리

알데바란

베텔게우스

작은개자리

프로키온

**겨울의
대삼각형**

오리온자리

리겔

시리우스

**겨울의
다이아몬드**

큰개자리

자리의 폴룩스(Pollux), 마차부자리의 카펠라(Capella), 황소자리의
알데바란(Aldebaran), 오리온자리의 리겔(Rigel)을 연결하면 '겨울의
다이아몬드(Winter Hexagon)'로 일컬어지는 커다란 육각형이 생긴
다. 또한 그 육각형 속에 오리온자리의 베텔게우스가 오렌지색

빛을 발산한다.

　지상에서 밤하늘을 바라볼 때, 달과 행성을 제외하고 별자리를 이루는 항성 중에서 밝은 순서대로 나열하면 이렇다. 1위: 마이너스 1.5등성 큰개자리의 시리우스(8.6광년), 2위: 마이너스 0.7등성 용골자리의 카노푸스, 3위: 0등성 알파 켄타우리(α Centauri, 남쪽 하늘, 봄), 아르크투루스(Arcturus, 봄), 베가(여름). 이것만 봐도 겨울의 별하늘이 얼마나 호화로운지 알 수 있다.

　그러나 카노푸스는 실제로 보려고 해도 좀처럼 보기 어렵다.

 ## 장수와 평화의 별 카노푸스를 찾아보자

시리우스는 오리온자리의 베텔게우스(붉은색 일등성, 0.4등성), 작은개자리의 프로키온(0.4등성)과 겨울의 대삼각형을 이뤄서 매우 찾기 쉬운 별이다.

　한편 카노푸스는 하늘 전체에서 항성으로는 두 번째로 밝지만, 이 별을 본 사람은 드물 것이다. 카노푸스는 남쪽의 매우 낮은 곳, 지평선에서 아주 살짝 얼굴을 드러내는 별이기 때문이다.

　그래서 이 별을 보면 운이 좋다는 이야기가 생겨났다. 이웃나라 중국에서는 이 별을 남극노인성이라고 부르며 '이 별은 전란 때에 숨고 천하가 태평할 때에만 모습을 드러낸다'라는 미신이

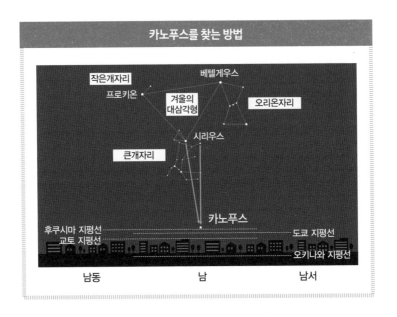

카노푸스를 찾는 방법

작은개자리
프로키온
베텔게우스
겨울의
대삼각형
오리온자리
시리우스
큰개자리
카노푸스
후쿠시마 지평선
교토 지평선
도쿄 지평선
오키나와 지평선
남동
남
남서

있었다고 한다. 장수, 건강뿐 아니라 세계 평화를 기원하며 이
별을 찾아보자.

　카노푸스가 위치한 곳은 시리우스의 거의 정남쪽이다. 시리우
스에서 주먹 세 개 반(35도) 정도 남쪽으로 내려간 곳이므로 시리
우스가 정남쪽에 떠오르는 때보다 조금 앞 시간이 이 별을 발견
할 수 있는 기회다. 남쪽으로 지평선이나 수평선이 보이는 탁
트인 장소가 아니면 무리다. 안타깝게도 관찰자가 위도상 후쿠
시마현보다 북쪽에 있다면 찾기 어려울 것이다(한국에서는 남쪽 지
방의 수평선 부근에서 매우 드물게 볼 수 있다. 서울에서는 지평선에 약 1도

정도로 거의 걸쳐 있다—감수자).

카노푸스의 적위(赤緯, 적도 좌표에서의 위도)는 마이너스 52.7도,
북쪽 한계는 북위 37도 18분, 후쿠시마현 이와키시 부근이다.
하지만 지평선 근처의 별빛은 대기 때문에 굴절하므로 실제 위
치보다 공중에 떠 보인다.

이를 '대기차'라고 부른다. 대기차까지 고려하면 니가타시에
서 후쿠시마현 소마시를 연결한 선 부근이 북쪽 한계인데, 지
인에게 들은 정보에 따르면 후쿠시마보다 북쪽에 있는 야마가
타현 갓산에서 본 사람이 있다고 한다. 1월 말부터 2월 중순에
걸친 기간에는 하늘이 맑고 건조한 날이 많으므로 도쿄에서는
비교적 보기 쉽다. 하지만 지평선에 가까운 낮은 곳이어서 빛이
대기에 흡수되어 일등성처럼 밝게 빛나지는 않는다. 또 원래는
뽀얀색 별이지만 석양과 같은 원리(빛의 파장이 길다)에 따라 붉은
색 별로 보인다. 부디 지평선까지 맑게 갠 겨울밤, 카노푸스 관
측에 도전해보기 바란다.

 ## 보석을 뿌려놓은 듯 찬란한 별, 묘성

겨울 하늘에서 꼭 찾아봐야 할 또 하나의 천체는 묘성, 즉 플레
이아데스 성단(Pleiades cluster, 황소자리에 있는 산개성단으로 우리말로는

좀생이별이라고 함-옮긴이)이다.

황소자리의 붉은 눈을 나타내는 일등성 알데바란에서 오른쪽으로 조금 위쪽, 황소자리의 등에 별이 한데 모여 있는 모습이 묘성이다. 육안으로는 별들이 어지럽게 모여 있는 것처럼 보여서 '육련성(六連星)'이라고도 불린다. 쌍안경으로 보면 밤하늘에 보석을 뿌려놓은 듯한 멋진 모습이 눈에 들어올 것이다.

묘성은 국제적으로는 플레이아데스 성단이라고 불린다. 메시에 천체 목록(프랑스의 천문학자 샤를 메시에가 『성운 및 성단에 관한 목록』에 수록한 110개의 천체 목록)에는 M45라는 번호로 등록되어 있다. 이 성단은 산개성단이라고 해서 어린 별들의 모임이다.

한편 오리온의 삼형제별 바로 아래쪽을 보면 희미한 구름 같은 오리온 대성운이 있다. 별은 이런 가스덩어리에서 묘성처럼 집단으로 탄생한다. 또 나이가 들면 가스를 토해내서 일생을 마치는데 그 가스에서 다시 다음 세대의 별이 태어난다.

아주 먼 옛날 어딘가의 별에게 이어받은 가스에서 태양과 태양계가 탄생했고, 지구와 우리 생명체도 탄생했다. 그렇게 생각하고 겨울의 별하늘을 바라보면 자신과 우주가 이어져 있는 듯한 느낌이 들 것이다.

천체가 지구와
충돌할 때

 지구에 접근하는 소행성

태양계는 탄생에서부터 현재에 이르는 46억 년 역사 동안 천체
끼리의 충돌을 끊임없이 반복해왔다. 인류는 다행히도 지금까
지 큰 천체 충돌을 경험하지 않았다. 그러나 과거에는 지구에
서도 천체 충돌 때문에 공룡의 멸종을 비롯하여 지구상의 생
물에 심각한 영향을 줬고 수많은 종이 사라지는 멸종이 반복
되었다.

　영화 〈아마겟돈〉, 〈딥 임팩트〉처럼 소행성이나 혜성과 같은
소천체의 충돌은 가까운 미래에 일어날 수 있는(언젠가 반드시 일

어날) 현상이다.

일본의 소행성 탐사선 하야부사(Hayabusa)의 활약으로 소행성으로 불리는 천체가 가까이에 존재하는 것을 많은 사람들이 알게 되었다. 소행성이란 태양계에서 행성과 마찬가지로 태양 주위를 공전하는 천체 중 대형 행성 여덟 개(수성, 금성, 지구 등)를 제외한 작은 천체들을 말한다. 모두 육안으로 보기는 어렵지만 이미 70만 개가 넘는 소행성이 발견되었다.

망원경으로 보면 소행성은 별처럼 점상으로 보이는데 똑같은 태양계 내의 소천체인 혜성은 넓게 퍼진 모습을 하고 있다. 하지만 최근 그 중간 규모의 천체도 발견되어 소행성과 혜성의 구별이 불분명해졌다.

소행성 중에서도 가장 크고 준행성이라는 별칭이 있는 케레스(Ceres)도 지름이 약 950킬로미터다. 이는 일본 열도만 한 크기로 지구에 비해 꽤 작다는 것을 알 수 있다. 대부분의 소행성은 지름이 수십 킬로미터 이하다. 하야부사가 착륙한 소행성 이토카와(Itokawa)는 지름이 500미터 정도밖에 안 된다.

이 소행성들은 대부분이 화성과 목성 사이의 소행성대에 자리하고 있는데, 그중에는 지구에 근접하는 것도 있다. 이토카와나 하야부사 2호가 향하는 류구(Ryugu)를 비롯하여 소행성 번호 433번 에로스(Eros), 1566번 이카루스(Icarus) 등이 그것이다. 이것들은 특히 소행성, 또는 NEO(Near Earth Object, 지구 근접 천체)라고 불린다.

 ## 스페이스 가드의 활약

6,600만 년 전 멕시코의 유카탄반도와 충돌하여 공룡을 멸종시킨 천체도 지름 10킬로미터 정도의 소행성이 아니었을까 추측된다. 또한 소행성 외에 긴 꼬리를 가진 혜성 등도 지구와 충돌할 가능성이 있다.

한편 지구의 주위에는 이미 못 쓰게 된 로켓이나 인공위성들이 이리저리 날아다니는데 우주에 돌아다니는 이런 쓰레기를 '우주 잔해물(space debris)'이라고 부른다. 소행성이나 혜성에 비하면 훨씬 작다고는 해도 우주 쓰레기가 해마다 늘어나는 추세라서 인공위성이나 국제우주정거장(ISS)과 충돌하여 큰 피해를 일으킬 가능성이 있다. 이러한 NEO나 혜성, 우주 쓰레기의 활동을 감시하는 일을 '스페이스 가드(space guard)'라고 한다.

국제 스페이스 가드 재단은 국제적인 협력 하에 지구와 충돌할 가능성이 있는 소행성과 혜성을 비롯해 지구에 가까이 있는 소천체를 발견하고 감시하는 일을 하고 있다. JAXA의 위탁을 받아 일본에서 이 일을 주로 담당하는 곳은 NPO 법인 일본 스페이스 가드 협회다.

일본 스페이스 가드 협회에서는 오카야마현의 가미사이바라 스페이스 가드 센터와 비세이 스페이스 가드 센터가 우주 쓰레기 및 지구 근방 소행성 관측 시설을 소유하고 있다. 국제적으로는 미국, 이탈리아, 러시아 등이 일본보다 스페이스 가드에 힘쓰고 있다. 특히 뉴멕시코주의 지구근접소행연구소(LINEAR)와 하와이에 있는 지구근접천체추적(NEAT)이라는 자동 수색 프로젝트, 즉 로봇 망원경을 통한 계획적인 천문 측량의 성과가 눈에 띈다.

 ## 천체와의 충돌을 피하는 방법은?

지구와 충돌하려는 천체를 발견하면 실제로 어떻게 해야 할까? 어떻게든 충돌을 피하지 않으면 지구의 미래는 없다.

혜성이나 소행성 같은 소천체의 경우 천체가 지나는 궤도를 벗어나게 할 수 있다. 또한 궤도를 조금 바꾸기만 해도 지구와의 충돌을 피할 수 있다. 다양한 방법이 검토되고 있는데 아무튼 궤도를 바꾸기 위해 태양 전지, 로켓 엔진 등을 대형 로켓에 실어서 소천체까지 신속하게 보내야 한다.

예를 들어, 태양 전지를 우주에 발사하여 소천체에 연착륙시

궤도를 바꾸기 위한 태양 전지

킨 뒤 태양 전지 패널로 만든 거대한 돛을 활짝 편다. 그리고 태양에서 받은 에너지를 이용하여 바람을 받아 나아가는 요트와 같은 형태로 소행성의 운동을 바꾸는 것이다. 또는 로켓 엔진을 발사하여 연착륙시킨 뒤 점화해서 소행성의 방향을 바꾸는 방법도 있다.

한때는 핵무기를 이용하자는 의견이 제시된 적도 있었다. 그러나 우주 공간뿐 아니라 지구 대기를 크게 오염시킬 가능성이 높아 사용을 금지해야 한다는 의견에 더 무게가 실리고 있다.

하지만 지구를 향해 다가오는 NEO나 혜성이 지구 근처까지 접근하면 어쩔 수 없다. 지구와 충돌하기 전에 천체를 파괴했다고 해도 그 파편이 지구로 떨어지면, 운석 충돌로 피해가 심각해질 수도 있어서 지구에 주는 영향을 피할 수는 없다.

마치 SF 소설에 등장하는 지구 방위군처럼 스페이스 가드 센터는 지구의 안전을 지켜주는 중요한 역할을 담당하고 있다. 또한 일본 스페이스 가드 협회의 말에 따르면 지구와 천체가 충돌해서 사람이 사망할 확률은 비행기 사고로 사람이 사망할 확률과 거의 같다고 한다. 지구와 천체가 충돌할 때, 그 천체의 크기에 따라서는 인류가 멸망을 맞이할지도 모른다.

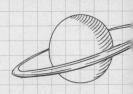

밤하늘의
숨은 비밀들

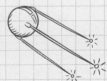

토성의 고리는
무엇으로
만들어졌을까?

  가장 인기 있는 행성

토성은 고리가 있는 행성으로 유명하다. 천체관측회에서 가장, 아니 단연 최고로 인기 있는 행성이 바로 토성이다. 소형 천체망원경으로도 쉽게 볼 수 있으니 아직 본 적이 없는 사람은 꼭 관찰해보기 바란다.

토성의 크기는 지구 지름의 아홉 배(태양계에서 목성 다음으로 크다), 무게는 95배나 되는 거대한 가스 행성이다. 그런데도 천체망원경으로 토성을 보면 매우 작고 사랑스럽게 보인다. 이 또한 인기의 비결일 수도 있다.

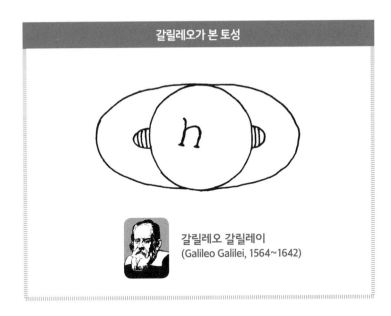

갈릴레오가 본 토성

갈릴레오 갈릴레이
(Galileo Galilei, 1564~1642)

1997년에 발사된 미국 NASA의 토성 탐사선 카시니(Cassini) 호는 7년 동안 비행(32억 킬로미터)한 뒤 2004년 토성에 접근했으며, 그 후 토성과 그 주위를 도는 위성들을 조사했다. 카시니의 활약을 계기로 토성에 관해 새로운 사실이 계속 밝혀지게 되었다.

이를테면 토성의 고리는 작은 얼음 입자로 이루어져 있다는 사실이다. 카시니가 전송한 화상에는 수천 개가 넘는 가는 고리들이 겹친 모습이 찍혀 있었다. 고리는 지름 20만 킬로미터가 넘는데도 두께가 매우 얇아서 가장 얇은 부분은 3미터밖에 안 된다. 그래서 15년 간격으로 고리가 전혀 보이지 않게 되는 시기가 있다.

약 400년 전 천체망원경을 이용하여 처음으로 토성을 관찰한 사람은 이탈리아의 과학자 갈릴레오 갈릴레이였다. 그는 관찰을 통해 당시 토성에는 꽃병의 손잡이처럼 생긴 것이 달려 있다고 기록했다. 갈릴레오가 토성을 목격한 시기는 우연히 고리가 가장 치우쳐 보이는 시기였기 때문에 별에 커다란 손잡이가 달려 있는 것처럼 보였을 것이다.

참고로 천문학계에서는 토성의 고리가 형성된 시기를 놓고 의견이 분분하다. 얼마 전까지 토성의 고리가 태양계 형성기, 즉 약 45억 년 전의 아주 먼 옛날에 형성되었다면 고리는 방사선의 영향을 받아 이미 거무스름해졌을텐데, 실제로는 고리가 하얗게 빛나기 때문에 최근에 형성되었다는 설이 유력했다.

그러나 요즘 슈퍼컴퓨터의 분석을 통해 고리 속에서는 늘 얼음덩어리가 파괴되고 형성되는 과정이 반복되기 때문에 하얗게 빛난다는 사실이 확인되었다. 그렇다면 고리는 오래 전부터 존재했을지도 모른다.

 주목해야 할 위성, 엔켈라두스

토성의 위성에 대해서도 많은 것을 알게 되었다. 특히 토성 최

엔켈라두스의 모습

얼음 조각으로
이뤄진 물기둥

대의 위성 타이탄(Titan)은 전부터 대기가 있는 위성으로 주목받
아왔다. 하지만 최근 들어 연구자들이 가장 흥미로워하는 위성
은 따로 있다. 그전까지 이름 없는 위성이었던 '엔켈라두스(En-
celadus)'다.

엔켈라두스는 토성에서 24만 킬로미터 떨어진 지점에서 약
33시간에 걸쳐 공전한다. 지름은 500킬로미터 정도이며 토성의
위성 중에서 여섯 번째로 큰 별이다.

카시니 호의 탐사 결과, 엔켈라두스의 북반구는 크레이터로
뒤덮인 흔한 위성의 모양이지만, 남반구는 크레이터가 거의 없

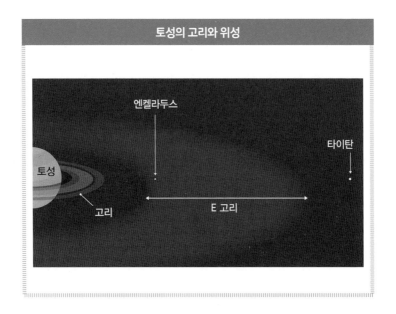

엔켈라두스

타이탄

토성

고리

E 고리

다는 것을 알아냈다. 남극 가까이에서는 평행하는 네 개의 거대한 균열이 발견되었다.

길이 130킬로미터, 깊이는 수백 미터나 되는 이 단층에서는 얼음 입자가 간헐천의 물기둥처럼 위로 솟아오른다. 마치 화산 분화와 같은 이 활동은 목성의 위성 이오(Io)나 해왕성의 위성 트리톤(Triton)에서도 발견되었지만 거대한 커튼을 넓게 펼친 것 같은 엔켈라두스의 얼음 분출은 태양계 내에서 가장 장대한 풍경이라고 할 수 있다. 이 엔켈라두스의 얼음 분화로 토성 고리의 가장 바깥쪽 E 고리가 형성되었다는 사실을 알 수 있었다.

연구자들 중에는 엔켈라두스의 내부에 바다가 펼쳐져 있고 생물이 존재하지 않을까 예상하는 사람도 있다.

이렇게 수많은 성과를 거둔 탐사선 카시니도 2017년 9월 토성에 충돌하여 그 사명을 마쳤다.

토성 주위에는 타이탄이나 엔켈라두스 외에도 60개가 넘는 개성 넘치는 위성이 돌고 있다. 마치 태양계의 미니어처 같다.

얼음 입자가 수천 개의 가는 고리가 되어 빙글빙글 돌고 있어.

달이 나를
따라오는 이유

 달은 의외로 먼 곳에 있다

어릴 때 밤길을 걸으면서 달이 자신을 따라오는 것처럼 느낀 적이 없는가? 자동차나 전철의 창밖으로 경치를 보면 하늘을 날아가는 것처럼 그 경치들이 이동해서 멀어져간다. 가까운 경치일수록 빠르게 움직이고 먼 경치는 천천히 이동한다.

그런데 달만 늘 같은 방향에서 자신을 따라오는 듯한 착각에 빠지게 한다. 나는 어린 마음에 무심코 '달이 나를 따라오니 나는 이 세상에서 선택받은 사람'이라고 생각했다. 도대체 왜 이런 일이 일어날까? 그 이유는 당연히 달이 지상의 풍경에 비해

매우 멀리 떨어진 곳에 있기 때문이다.

　달은 지구에서 38만 킬로미터나 떨어진 곳에 있다. 이는 지구 30개를 일렬로 늘어놓은 길이에 해당한다. 그런 까닭에 지구의 끝과 끝에서 같은 시각에 달을 보면 달의 위치는 약 2도 정도밖에 차이가 안 난다. 2도는 팔을 쭉 펴서 집게손가락을 세우고 봤을 때 그 손가락의 폭이 차지하는 각도 정도다. 다시 말해 지구의 서로 다른 곳에서 달을 바라봐도 달의 위치 차이는 아무리 커봐야 손가락 한 개 폭 정도밖에 안 된다는 얘기다. 따라서 우리가 지표면을 아무리 고속으로 이동해도 육안으로 보는 한, 달은 계속 같은 방향에 있는 것으로 보이게 된다.

오히려 지구의 자전으로 인해 달이 이동하는 움직임이 더 크므로 달을 밤새 관측하면 태양이나 별들과 마찬가지로 시간 변화에 따라 동쪽에서 남쪽 하늘을 통과하여 서쪽으로 이동하는 것을 알 수 있다.

달이 차고 이지러짐의 신비

달이 차고 이지러지는 모습에 대해서는 일반적으로 초등학교에서 배운다. 그 시절을 머릿속에 잠깐 떠올려보자. 교과서나 도감에는 흔히 85쪽의 그림과 같은 설명도가 실려 있다.

초승달, 반달까지는 원리를 쉽게 이해할 수 있지만, 보름달의 위치로 가면 갑자기 난감해하는 아이들이 꽤 있다. 달은 햇빛을 받아서 빛나 보인다. 그럼 달이 보름달의 위치에 있을 때는 지구의 그림자에 가려져서 빛나지 않아야 하는 것이 아닐까?

우주 공간에서는 달이 이 그림처럼 지구의 바로 옆에 있는 것이 아니라 38만 킬로미터나 떨어져 있기 때문에 종이 위에 정확한 비례로 그리기 쉽지 않다. 지름이 지구의 4분의 1 크기인 달이 지구 30개만큼 떨어진 곳에서 햇빛을 받는다고 연상해보자.

또 지구에서 본 달이 지나는 길(백도)은 태양이 지나는 길(황도)보다 약 5도 기울어 있으므로 달은 지구의 그림자에 가려지지

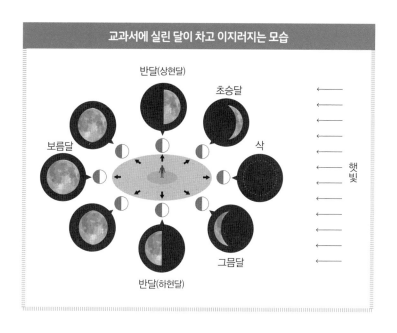

교과서에 실린 달이 차고 이지러지는 모습

반달(상현달)
초승달
보름달
삭
햇빛
그믐달
반달(하현달)

않고 태양이 달 전면을 밝게 비추게 된다. 이 미묘한 차이 때문에 태양−지구−달이 일직선상에 놓이는 '월식'은 보기 드문 현상일 수밖에 없다.

시험 삼아 주변 사람들에게 초승달을 그려보라고 부탁한 다음, 각각 어떻게 그렸는지 비교해보자. 달이 차고 이지러지는 모습을 잘 이해한 사람이라면 애니메이션에 나오는 날카로운 초승달 모양이 실제로는 말도 안 된다는 것을 알고 있다. 이 그림을 그린 솜씨로 달이 차고 이지러지는 모습을 이해했는지 알 수 있을 것이다.

크게 보이거나 작게 보이거나

그 해에 가장 큰 보름달을 슈퍼문이라고 부르곤 한다. 슈퍼문은 지구와 달 사이의 거리가 가까워짐에 따라, 지구에서 보는 달이 크게 보이는 현상인데, 사실 이것은 학술 용어가 아니라 민간에서 쓰이는 용어다.

달의 궤도는 완벽한 원보다는 타원에 가깝다. 지구에서 가장 멀리 떨어질 때의 거리는 40만 킬로미터 정도이고 가장 근접하면 36만 킬로미터 정도다. 가장 가까워졌을 때 보름달이 되면 평소의 평균적인 보름달보다 조금 크게 보이기는 한다. 하지만 그 차이는 각지름(지구에서 관찰자가 본 천체의 겉보기 지름—옮긴이)으로 고작 0.05도 정도에 불과하다.

달이 크게 느껴지는 것은 달이 지평선에 가까운 위치에 있을 때고, 달이 하늘 높이 빛날 때는 그보다 작게 느껴진다. 그러나 이것은 착각이다. 우리는 보통 달이 지상물로부터 얼마나 떨어져 있느냐, 달을 어느 정도 올려다보느냐에 따라 다른 크기로 느낀다. 사진으로 찍어보지 않으면 달의 크기 차이를 구별할 수 없다.

 ## 일출과 월출의 차이

1년을 주기로 하여 규칙적으로 움직이는 태양과 비교해서 그날의 달 모양(월령)이나 월출 시각은 전문가도 알기 힘들다. 춘분, 하지, 추분, 동지의 태양은 일출 시각이나 방향도 규칙적으로 생각할 수 있다.

그 이유는 우리가 태양의 움직임을 기준으로 한 태양력을 사용하기 때문이다. 한편 이슬람 국가들은 달이 차고 이지러지는 주기를 기준으로 한 태음력을 사용하기 때문에 적어도 월령이나 월출 시각은 우리보다 잘 파악하고 있다. 달력에 대한 자세한 이야기는 뒤(116쪽 참조)에서 다루기로 하고 여기에서는 일출과 월출의 차이를 알아보자.

일출은 떠오르는 태양의 상단이 지평선과 겹치는 순간을 말한다. 일몰은 저물어가는 태양의 상단이 지평선과 겹치는 순간이다. 즉, 태양의 각지름(약 0.5도)만큼 낮 시간이 길어진다. 그래서 태양이 정동 쪽에서 떠올라 정서 쪽으로 저무는 춘분날과 추분날도 낮의 길이와 밤의 길이가 같지 않다(이는 입시에서 자주 쓰이는 함정 문제다).

한편 달은 차고 이지러지므로 늘 보름달처럼 동그랗지 않다. 초승달이나 반달도 이지러지기 시작할 때 지평선에 수직으로 떠오르는 것이 아니기에 달의 상단이 이지러져서 그늘지는 경우도 종종 일어난다. 따라서 월출, 월몰 시각은 달의 중심 위치에서 측정하도록 한다.

태양의 수명은
앞으로 몇 년?

 태양은 지금 장년기

태양은 지금 인간의 수명으로 환산하면 40대 중반 즈음이다. 사람이라면 한창 일할 나이다. 태양의 실제 나이는 46억 세인데 이론적인 예측으로는 약 100억 세까지 빛날 것으로 예상된다. 하지만 계속 똑같은 밝기로 안정적일 것이라는 확증은 없다.

태양과 지구는 거의 비슷한 시기에 생겨났다. 지구에 떨어진 운석의 나이나 아폴로가 가지고 돌아온 월석의 나이를 비교 분석한 결과 태양계가 생긴 것은 46억 년 전이라는 것을 알 수 있었다.

태양 같은 별, 즉 항성은 지구와 달리 주로 수소 가스로 이루어져 있다. 또 수소의 핵융합 반응으로 빛난다. 즉 46억 년 전 우주에 떠 있던 수소 가스가 모여서 태양이 생겼고, 그 주위에 행성이 생겼다. 우주에는 이러한 별 탄생의 현장이 지금도 존재하므로 망원경으로 조사할 수 있다.

성인식을 맞이하는 별들

우주에 있는 수소 가스의 모임은 '성운'으로 불린다. 겨울밤 하늘을 올려다보자. 오리온자리의 삼형제별 밑에 오리온이 허리에 찬 검을 구성하는 '소삼태성'이라는 별이 있다. 소삼태성의 한가운데에 있는 별을 잘 살펴보면(잘 보이지 않으면 쌍안경을 사용한다) 구름 모양으로 퍼진 모습이 보인다. 이것이 오리온 대성운 M42다.

육안으로도 그 존재를 확인할 수 있는 대표적인 성운이며 별이 탄생하는 현장이다. 지구에서는 1,400광년 떨어져 있다. 오리온 대성운을 대형 망원경으로 잘 조사하면 작은 구름 모양의 가스덩어리가 잔뜩 있는 모습을 볼 수 있다. 그 덩어리 하나하나에서 항성이 탄생한다.

46억 년 전, 태양도 태양계의 다른 많은 별들과 함께 탄생했

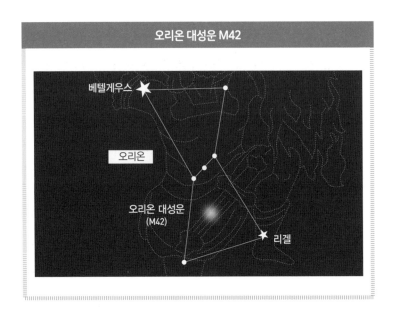

오리온 대성운 M42

베텔게우스

오리온

오리온 대성운
(M42)

리겔

다. 그러나 탄생한 후 각각의 항성이 따로따로 운동해서 흩어진 탓에 46억 년이 지난 지금은 어느 것이 형제별인지 알 수 없다.

또한 오리온자리의 오른쪽 옆을 보면 별들이 바싹 달라붙듯이 모여서 빛나는 묘성(플레이아데스 성단)을 확인할 수 있다. 이것들이 막 성인이 된 별들이다(지구에서의 거리는 410광년).

묘성은 대표적인 산개성단 M45이며 육안으로도 별 6~7개를 셀 수 있지만, 천체망원경으로 보면 항성 수십 개가 달라붙어 있는 것을 확인할 수 있다.

지금은 홀로 하얗게 빛나는 태양도 갓 성인이 되었을 무렵에는 이런 푸르스름한 별이었을지도 모른다.

태양의 마지막 모습

어린 항성들은 인간으로 치면 스무 살에 이르기 전에 성인이 된
다. 성인이 된 항성은 수소의 핵융합 반응을 통해서 안정적으로
빛난다. 태양은 이 상태가 약 100억 년 지속되는데, 이 말은 앞
으로 50억 년은 수소연료가 버틴다는 뜻이다.

참고로 막 성인이 된 묘성을 이루는 별들의 나이는 수천만 년
정도다. 항성의 일생을 100억 년이라고 생각하면 한 살이 채 되
지 않아 성인이 된다는 말일 것이다.

항성의 경우 태어났을 때의 무게에 따라 그 일생의 길이(수명)
나 일생을 마감하는 방법이 다르다. 태양은 항성 중에서도 가벼
운 편이다. 태양은 최후에 적색 거성이라는 단계를 거친 뒤 바
깥쪽의 가스를 서서히 방출해서 도넛 모양의 성운이 된다(행성상
성운). 그 가스는 우주 공간에 번져서 지구까지 도달할 것이다.

태양이 적색 거성 단계를 맞이하는 시기는 약 50억 년 후다.
그 무렵의 태양은 금성을 삼킬 만한 크기가 될 것으로 예상된
다. 이때 지구는 지금의 궤도를 벗어나 좀 더 바깥쪽에서 태양
주위를 공전할 것으로 예측된다. 그 시기가 되면 지구의 온도가

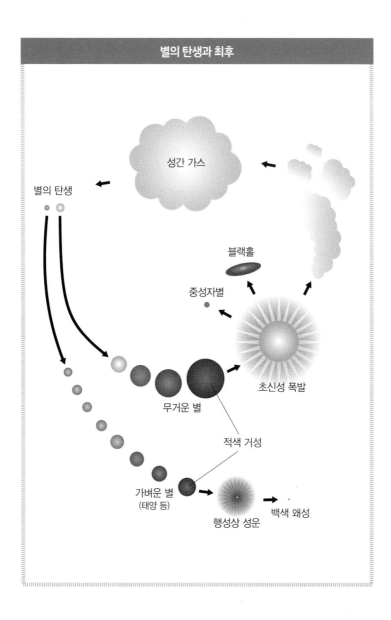

성간 가스

별의 탄생

블랙홀

중성자별

초신성 폭발

무거운 별

적색 거성

가벼운 별
(태양 등)

행성상 성운

백색 왜성

높아져서 생물이 존재할 수 없다. 우리가 지상에 머무는 한 약 50억 년 후가 되면 지구상에 있는 대부분의 생명체들이 최후를 맞이할 것이다.

태양을 비롯한 항성은 일생을 보낸 후 크게 부풀어서 적색 거성이 되고, 그 후 가벼운 별은 행성상 성운을 거쳐 백색 왜성이 되며, 무거운 별은 초신성 폭발을 일으킨 후 마지막에 중성자별이나 블랙홀이 된다. 초신성 폭발의 순간에 철보다 무거운 금이나 은, 백금과 같은 원소가 생긴다. 우주 초기에는 수소와 헬륨뿐이었지만 항성의 내부에서는 산소나 질소, 규소, 마그네슘 등 철보다 가벼운 원소가 핵융합 반응을 통해 생겨났다.

138억 년 전 우주가 탄생한 후부터 46억 년 전 태양계가 생기기 전까지의 사이에 태양계 주변의 우주에서는 초신성 폭발이 20회 정도 반복되었다. 그 결과 수소와 헬륨뿐이던 우주에 현재 우주에 존재하는 원소 92종류가 탄생한 것이다. 원소 차원으로 말하자면 우리 생명은 별에서 태어난 '별의 아이'인 셈이다.

외계인과
접촉하려면?

 생명체가 사는 별이란?

우주에서 지구 외에 생명체가 사는 별이 있을까? 현재 문명이
지구상에 탄생한 지 수천 년, 천체망원경이 발명된 지 약 400
년, 탐사선이 달과 행성에 갈 수 있는 시대가 된 지 50년이 지났
지만, 아직껏 지구 이외의 별이나 우주 공간에서 작은 박테리아
같은 생물조차 발견되지 않았다.

그러나 천문학과 우주 탐사 기술의 진보로 인류가 계속 추구
해온 외계 생명체를 발견하는 일이 그다지 먼 이야기만은 아니
라고 말하기도 한다.

태양계 내에는 박테리아와 같은 초기 생명체가 존재할지도 모른다. 그 후보지는 화성, 목성의 위성인 유로파(Europa)와 가니메데(Ganimede), 그리고 토성의 위성인 엔켈라두스와 타이탄 등이다. 가까운 미래에 탐사선이 찾아가서 생명체의 흔적을 찾아낼지도 모른다.

하지만 유감스럽게도 태양계 내에서 지적 생명체는 지구 외에는 어디에도 존재하지 않는 것이 거의 확실하다. 지적 생명체가 있을 만한 징조는 조금도 없다. 따라서 지적 생명체가 우주 어딘가에 존재한다면 태양계 바깥쪽에 펼쳐진 공간, 즉 항성 주위를 도는 행성이나 위성일 것이라고 추측된다.

지금으로부터 약 23년 전인 1995년에 처음으로 태양 외의 항성 주위를 도는 행성을 발견했다. 태양계외 행성, 또는 외계 행성이라고 불린다. 그 수는 2016년 9월 현재 3,500개가 넘는다.

이른 시기에 발견된 외계 행성은 지름이 지구의 수 배 이상이나 되는 거대한 가스 행성이었다. 하지만 천체 관측 기술이 발달하자 암석 유형으로 지구만 한 크기의 행성도 발견되었다.

 ## 생명체 거주 가능 영역

우주에 존재하는 생명체가 지구의 생명체와 비슷한 구조나 성분을 갖췄다고 가정하면 생명체 발생에는 액체 상태의 물이 필요하다. 우리 몸은 주로 물과 유기물로 이루어져 있다. 단백질이나 핵산과 같은 고분자가 복잡한 유기물을 합성하려면 화학반응이 일어나기 쉬운 환경, 즉 물과 유기물과 적절한 온도가 필요하다.

행성이 항성에 너무 접근하면 표면의 물이 증발하고 반대로 항성에서 멀리 떨어지면 온도가 너무 내려가서 얼음이 되고 만다. 물이 액체 상태로 존재할 수 있는 범위를 천문학에서는 '해비터블 존(habitable zone)'이라고 부른다. '해비터블'은 생명체가 거주할 수 있다는 의미다. 태양계의 경우 그 범위는 0.9~1.5천문단위(태양과 지구의 거리를 1천문단위라고 하며 AU로 표기한다. 그 거리는 1억 5,000만 킬로미터. 124쪽 참조) 정도라고 한다.

화성은 생명체가 거주할 수 있는 최대 한계의 환경이다. 목성이나 토성의 위성은 행성과의 조석력(기조력)과 위성 내부의 열원에 의해 생명체가 거주할 수 있는 환경이 생길 가능성이 있다. 조석력은 지구와 달의 위치 관계에 따라 조수 간만이 일어나듯이 천체 두 개 사이의 중력에 따라 두 천체가 변형하거나 두 천체의 내부를 가열하는 힘을 말한다. 작은 천체가 영향을 크게 받는다.

지구 이외의 천체에 지적 생명체가 살고 있다면 풍부한 액

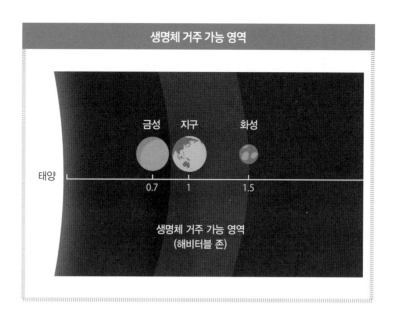

생명체 거주 가능 영역

금성 지구 화성

태양

0.7   1   1.5

생명체 거주 가능 영역
(해비터블 존)

체 상태의 물(바다)과 산소 등의 대기로 뒤덮여 있는 행성이 일
단 후보로 거론될 것이다. 일본 국립천문대는 하와이섬 마우나
케아산에 있는 스바루 망원경 바로 근처에 TMT(Thirty Meter Tele-
scope, 구경 30미터 망원경)라는 커다란 망원경을 만들려고 한다. 일
본, 미국, 캐나다, 중국, 인도의 국제 협력을 통한 일대 프로젝
트다.

이 TMT를 사용해서 외계 행성을 직접 관측하고 외계 생명체
가 존재하는 신호를 찾는 것이 가장 큰 목표다. 일정이 계획대
로 진행된다면 TMT는 2020년대 후반에 완성된다.

또한 운이 좋으면 2030년 전후에는 인류가 TMT 등과 같은 지상의 초대형 망원경이나 우주 망원경의 활약으로 외계 행성에 존재하는 생명체를 찾아낼지도 모른다.

지적 생명체와의 교신

생명체가 존재할 만한 별을 찾으면 전파나 빛을 이용하여 그곳으로 메시지를 보낸다. 그러면 20광년 떨어진 별의 경우 왕복 40년 만에 답장이 올 수도 있다. 또는 외계에는 외계인은커녕 생명체가 존재하지 않을 수도 있다.

하지만 만약 지적 생명체(외계인)가 앞으로 발견된다면 우리 인류의 가치관이 크게 바뀌어서 눈앞의 일에만 급급한 삶을 되돌아보게 될 것이다. 과장된 표현이기는 하지만 '또 하나의 지구'를 발견할 수 있느냐 없느냐는 인류의 삶과도 크게 관련되어 있다.

만약 지적 생명체가 태양계 근처의 우주에 존재한다면 어떻게 될까? 그 경우를 상상해보고 지적 생명체와의 소통에 관해 생각해보자.

2016년 8월에 발견된 태양계에 가장 가까운 항성인 프록시마(Proxima)의 행성이나 아직 찾지 못했지만 그 행성을 도는 위성 중에 지적 생명체가 존재한다고 가정하자. 지구와의 거리는 4.22광년이며 빛으로도 4년 넘게 걸리는 거리다.

전파의 속도도 빛과 똑같으므로 전파를 보내면 초속 30만 킬로미터의 속도로 우주 공간을 나아간다. 지구에서 프록시마의 지적 생명체에게 메시지를 전파, 또는 빛으로 보냈다고 하면 답신은 아무리 빨라야 8.44년이나 후에 온다. 느긋한 대화가 될 것이니만큼 대화의 내용이 매우 중요해질 것이다. 여러분은 어떤 것을 물어보고 싶은가? 또는 무엇을 전하고 싶은가?

영화 〈스타워즈 에피소드 4 : 새로운 희망〉에는 레이아 공주가 오비완 케노비에게 홀로그래피(레이저 광선을 이용해 입체상을 촬영하거나 재생하는 기술-옮긴이)를 이용하여 메시지를 전하는 장면이 등장한다.

지적 생명체와 교신할 수 있게 되는 날에는 우리가 일상적으로 사용하는 인터넷, TV, 전화를 대신하여 홀로그래피를 이용한 정보 전달이 중심을 이룰 것이다. 시차가 있기는 해도 마치 눈앞에 프록시마 별 사람이 있는 듯한 가상현실 공간에서 외계인과의 대화를 즐기게 될 것이다. 그리고 그 별에 간 듯한 유사 체험이 가능해질지도 모른다.

우주에서 온 메시지

외계인이 발신한 정보를 지상의 전파 망원경으로 포착하려고 하는 활동을 '외계 지적 생명체 탐사(Search for Extra-Terrestrial Inteligence, SETI)'라고 부른다. 반대로 지구에서 외계인에게 전파 등을 이용해 메시지를 보내는 활동도 간간이 시도되어왔다.

그중 칼 세이건(Carl Sagan, 1934~1996) 박사 등이 푸에르토리코에 있는 거대한 전파망원경 아레시보 천문대에서 헤르쿨레스자리의 구상성단 M13으로 보낸 전파 신호가 유명하다. 그 신호는 이진수의 간단한 암호문으로, 지구에 생명체가 산다는 것과 인류의 신체 성분이나 크기, 세계 인구 등 기본 정보를 알려주는 내용으로 구성되어 있다.

전 세계적으로 외계인 탐색에 진지하게 몰두하는 연구자가 있다. 미국의 프랭크 드레이크(Frank Drake, 1930~)나 칼 세이건은 이 분야에서 국제적인 선구자다.

그 후 그들의 선구적인 SETI 연구는 젊은 후계자들에게 계승되었다. 미국의 SETI 연구소는 지적 생명체가 보내는 신호를 전파로 포착하기 위해서 2007년부터 앨런 망원경 집합체(ATA, Allen Telescope Array)를 이용하여 계속 관측하고 있다. 그밖에도 세계 각지에서 외계인이 보내는 메시지를 파악하려고 시도하고 있지만 지금으로서는 해당되는 신호를 수신하지 못했다.

미래에 국제적으로 가장 기대를 모으는 SETI의 활동은 국제 공동 대형 프로젝트 SKA(Square Kilometer Array)다. SKA는 SETI 전용 전파망원경은 아니지만 남아프리카와 오스트레일리아 두 지역에서 구경 1제곱킬로미터에 달하는 전파망원경과 동등한 분해 능력을 갖춘 전파 간섭계를 2020년대까지 완성하려는 장대한 프로젝트다. 일본의 전파 천문학자들도 앞으로 이 SKA에 참가하려고 준비 중이다.

SKA를 이용해서 10년 동안 항성 100만 개에서 보내는 전파 신호를 분석하여 지적 생명체의 신호를 찾아내자는 계획도 제안되었다.

제2의 지구를 찾는 '외계인 방정식'

 드레이크의 외계인 방정식

넓디넓은 우주 공간에 도대체 얼마나 많은 지적 생명체(외계인)가 존재하는지에 대해 진지하게 계산한 사람이 있다. 미국의 천문학자 프랭크 드레이크 박사다. 우주에는 문명을 구축한 별이 얼마나 있으며 과연 그 별과 지구가 교신할 가능성은 있을까?

　1961년 프랭크 드레이크 박사가 '외계인 방정식(드레이크 방정식)'을 발표했다. 외계인 방정식이란 우리 태양계를 포함한 은하(우리은하)에서 지구인이 교신할 수 있는 문명의 수(지적 생명체가 존재하는 별의 수)를 과학적으로 추정하기 위한 방정식이다.

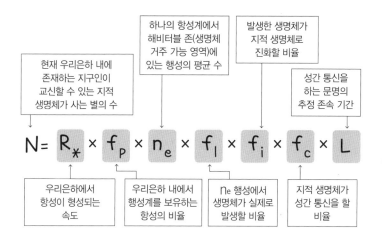

하나의 항성계에서 해비터블 존(생명체 거주 가능 영역)에 있는 행성의 평균 수

발생한 생명체가 지적 생명체로 진화할 비율

현재 우리은하 내에 존재하는 지구인이 교신할 수 있는 지적 생명체가 사는 별의 수

성간 통신을 하는 문명의 추정 존속 기간

$$N = R_* \times f_p \times n_e \times f_l \times f_i \times f_c \times L$$

우리은하에서 항성이 형성되는 속도

우리은하 내에서 행성계를 보유하는 항성의 비율

n_e 행성에서 생명체가 실제로 발생할 비율

지적 생명체가 성간 통신을 할 비율

문명이 발생하는 천체는 태양과 같은 항성일 수 없다. 항성 주위를 도는 지구형 행성이나 그와 비슷한 환경의 위성이다. 이 번에는 문명이 구축되어 있을 가능성이 있는 행성의 수를 계산 해보자. 우리와 비슷한 문명을 보유한 외계인이 사는 별이 있는 지 계산할 수 있다.

현재 우리은하에 존재하며 통신할 수 있는 외계 문명의 수를 N이라고 하자. 그러면 외계인 방정식은 위의 그림과 같다.

많은 사람들이 각자 추론해서 우리은하 내에 존재하는 문명 수를 추정해왔다. 드레이크는 1961년에 'N=10'이라는 추정 값을 발표했는데 각 기호에 들어가는 숫자가 확실히 정해지지 않아 추론의 단계를 벗어나지 못했다.

하지만 대부분의 연구자들이 이 식에서 주목해야 할 점은 마지막의 L이라고 인정했다. L은 전파 또는 가시광 등의 통신 수단을 이용하여 수 광년에서 수백 광년이나 떨어진 외계 행성으로 정보를 전달할 수 있게 된 문명이 평균적으로 얼마나 오랫동안 문명을 유지할 수 있느냐를 나타낸다. 다시 말해 문명은 영원하지 않다는 것을 대전제로 삼은 것이다.

우리 인류도 지구상에서 영원히 번영할 수는 없다. 핵전쟁이나 지구 환경 파괴 등 우리의 잘못된 행위로 자멸할 수도 있고 소행성의 충돌이나 태양의 폭발 등 피할 수 없는 천재지변으로 멸망하는 것도 예상할 수 있다. 그것은 지구인뿐만 아니라 우주에 사는 어느 생명체에게나 해당될 것이다.

지구인이 전파를 통신 수단으로 이용할 수 있게 된 지 고작 100년 정도밖에 안 됐다. 지구상에서 인류의 문명은 앞으로 몇 년이나 지속될까? 많은 사람들이 불안해하듯이 지구 환경 문제, 핵전쟁의 위기, 물·식량·에너지 고갈 등 온갖 과제를 떠안은 가운데 인류가 현명하게 오래 살 수 있는 방법을 찾는 것이야말로 외계인을 만날 수 있느냐 없느냐를 결정짓는 갈림길이라는 것이 결론이다.

최신 데이터에서 도출한다

2009년 NASA는 지구형 행성을 찾기 위해서 우주망원경 케플러 (Kepler)를 발사했다. 드레이크 방정식에 케플러의 관측 결과를 비롯하여 최신 천문학 성과를 적용시켜보자.

먼저 우리은하 내에서 외계 행성계를 보유한 항성의 비율을 구해보자. 우리은하 내에는 항성이 약 1,000억 개가 있는데 항성의 약 절반 가까이가 연성(連星, 쌍성)이라는 것을 알 수 있다.

연성이란 태양계처럼 태양 하나가 단독 항성으로 존재하지 않고 두 개 이상의 항성이 서로의 주위를 도는 별을 말한다. 연성 가운데는 하늘 전체에서 가장 밝은 항성, 큰개자리의 시리우스나 백조자리의 부리에 있는 이중성인 알비레오(Albireo) 등이 있다. 예전에는 중력의 안정성 문제 때문에 연성계에 행성이 형성되기 어려울 것으로 추측되었다. 그러나 칠레 아타카마 사막에 있는 ALMA(알마) 망원경을 통해 연성계에서도 행성이 형성되는 것을 확인했다.

여기서는 우리은하 내에서 행성계가 탄생할 수 있는 항성 수를 연성계까지 포함하여 1,000억 개라고 하자.

항성 한 개에 대해 평균적으로 행성 몇 개가 존재할까? 행성이 전혀 없는 항성도 있지만 케플러의 관측에 따르면 여러 개의 행성이 있는 행성계가 약 30퍼센트나 존재한다는 사실을 알 수 있었다.

이 사실로 미루어볼 때 대략적이지만 항성 한 개에 평균적으로 외계 행성 한 개 정도의 확률로 존재한다고 추정할 수 있다. 즉, 우리은하 내에 있는 외계 행성의 총수는 1,000억 개 정도다.

 ## 제2의 지구 수는 얼마나 될까?

그렇다면 그중 지구형 행성의 비율은 얼마나 될까? 케플러의 관측으로는 발견된 행성의 약 6분의 1이 지구형 행성이었다. 여기서 말하는 지구형 행성이란 크기가 지구와 비슷한 정도의 암석 행성을 말한다. 그 숫자를 그대로 사용하면 우리은하 내에는 지구형 행성이 약 160억~200억 개 정도 있다는 뜻이 된다.

또한 그중 생명체 거주 가능 영역에 존재하는 것은 얼마나 될까? 태양 질량 정도의 항성일 경우, 22퍼센트±8퍼센트의 비율로 생명체 거주 가능 영역에 지구형 행성이 존재하는 듯하다.

다시 말해 태양 질량 정도의 항성이라면 암석으로 이루어지고 액체 상태의 물과 대기를 보유할 가능성이 있는 '제2의 지구'가 몇 개의 항성당 한 개의 비율로 존재하게 된다. 이 추산은 드레이크가 생각한 것보다 훨씬 더 높은 비율이다.

그 이외의 f_l, f_i, f_c, L에 관해서는 여전히 과학적인 추산이 어렵지만, 외계인의 존재가 신빙성을 띠게 된 것만은 확실하다.

오로라는 언제
예쁘게 보일까?

 ## 오로라와 태양 활동의 관계

오로라는 개기일식이나 화산 분화와 나란히 자연계의 3대 장관으로 불리기도 한다. 일본에서도 홋카이도 일부 지역에서 북쪽의 낮은 하늘에 붉은색 오로라가 나타나는 경우가 있다. 그러나 뭐니 뭐니 해도 알래스카나 캐나다, 북유럽 국가, 또는 남극 대륙에서 보는 모습이 가장 웅대하고 신비로울 것이다.

오로라는 북극이나 남극에 가까운 지역에서 볼 수 있는 지구의 고층 대기 현상이다. 오로라가 빛나는 높이는 고도 100~200킬로미터다. 참고로 국제우주정거장(ISS)은 고도 400킬로미터의 상공을 날고 있으므로 ISS의 승무원은 눈 밑에 밝게 빛나는 오로라를 보게 된다.

ISS에서 보는 오로라는 녹색이나 분홍색 커튼이 지구의 표면 위에서 하늘거리는 듯한 느낌이다. 오로라를 지상에서 올려다 보면 어디까지 이어지는지 알 수 없지만 ISS에서 보면 오로라가 어디까지 퍼져 있는지 확인할 수 있다. 오로라는 남극과 북극 상공에서 거의 동시에 발생하는 경우가 많은 것도 특징이다. ISS는 지구를 90분에 한 바퀴씩 돌기 때문에 양쪽을 순서대로 관측할 수도 있다.

그럼 오로라는 어떻게 생기는 것일까?

지구는 이른바 하나의 커다란 자석이다. 지구 전체를 감싸는 거대한 자기장(지구 자기권)을 갖고 있다. 지구 자기권은 우주에서 지구에 침입하려고 하는 하전 입자(양성이나 음성의 전하를 띠고 있는 이온 입자)의 유입을 막아서 지구에 사는 생명체를 보호하는 중요한 방호벽 역할을 한다. 특히 태양에서는 각종 전자기파와 방사선, 하전 입자가 섞인 태양풍이 지구에 날아온다.

지구의 북극이나 남극 근처에서 볼 수 있는 오로라는 이 태양풍의 활동과 깊은 관계가 있다. 태양풍이 강해지면 평소에는 지구 자기권에 막혀서 지구 표면에 닿지 못하는 하전 입자가 자기장이 약해지는 북극과 남극 주변으로 침입한다. 이 하전 입자가 지구의 고층 대기와 반응하여 녹색이나 빨간색, 분홍색으로 빛나서 아름다운 오로라가 되는 것이다.

그래서 태양 활동의 극대기가 되면 격렬한 오로라의 활동을 관측할 수 있다. 이 시기에 오로라를 보러 북유럽이나 캐나다 등에 꼭 가보자.

 ## 플레어를 조심하라!

태양의 활동이 계속 똑같은 상태인 것은 아니다. 태양의 활동이 활발한 시기와 그렇지 않은 시기가 있다. 태양의 활동은 자기장의 영향을 강하게 받는다. 태양 자기장은 대개 11년 주기로 활동이 변화한다.

예를 들면 모형 비행기 프로펠러 부분의 고무줄을 비비 꼬듯이 자전에 의해서 태양 내부의 자기장이 비틀어진다. 그 비틀어지는 정도가 최대가 될 때 태양 활동이 활발한 극대기이며, 비틀림이 풀려서 원래대로 돌아온 상태가 활동이 약해지는 극소기다.

극대기에는 자기장이 비틀어지는 영향으로 수많은 흑점과 함께 '플레어(flare)'라고 불리는 폭발 현상이 자주 일어난다. 플레어란 비틀어진 자기장이 한계를 넘어서 마치 고무줄이 끊어질 때처럼 자기장 에너지를 태양 바깥쪽으로 급격하게 분출해내는 현상이다.

플레어가 발생하면 태양 주위를 둘러싸는 대기층이 급격하게 밝아지고 코로나(Corona, 태양 대기의 가장 바깥 층에 있는 옅은 가스층—옮긴이)의 온도도 1,000만 도가 넘는다. 그러면 전파에서 X선까지 모든 전자파가 강하게 방출된다. 그뿐만 아니라 태양이 일상적으로 태양 주위에 방출하는 양자나 전자 등의 전기를 띤 입자, 즉 태양풍의 활동이 왕성해져서 방출되는 하전 입자의 수나 속도가 크게 늘어난다.

플레어에서 방출되는 강력한 X선이 지구에 도달하면 지구의 자기권에 혼란을 일으켜 단파 무선통신에 장애를 초래한다. 단파 라디오나 선박 등에서 사용하는 단파 무선통신 전파는 지구의 고층 대기 속에 있는 전리층에 반사하여 먼 곳에 도달한다.

이때 강력한 태양풍 때문에 전리층이 혼란해지면 단파 라디오나 선박의 단파 무선통신이 닿지 않게 된다. 이를 '델린저 현상(Dellinger Phenomenon)'이라고 한다. 또한 활발해진 태양풍의 영향으로 앞에서 설명한 오로라 폭풍이나 자기 폭풍도 발생한다.

이렇듯 태양풍은 지구에 큰 영향을 미치므로 일본에서는 정보통신연구기구(NICT)를 통해 '우주 일기예보'를 실시하고 있다. 우주 일기예보에서는 전 세계의 태양 관측 위성이나 태양 관측소에서 받은 데이터를 이용하여 태양을 상세히 모니터링하고 플레어 발생을 확인한다. 플레어의 폭발 규모와 강력한 태양풍이 지구에 도착하는지 여부를 확인해서 예보를 내보낸다.

대규모 플레어의 영향이 지구에 미칠 경우에는 ISS의 선외 활동을 중지하거나 지상의 송전선 및 발전소에 영향이 미치지 않도록 전력 공급을 조정한다. 과거에는 거대 플레어의 영향으로 자기 폭풍이 발생해 송전선이 파괴되는 바람에 넓은 지역에 걸쳐 정전이 일어난 경우도 있다.

우주 일기예보를 통해 강력한 태양풍이 지구를 습격하는 것에 대비하는 동시에 국제우주정거장이나 인공위성에 피해가 미치지 않도록 하고 있다.

 ## 코로나에서 발견된 기체

플레어나 흑점은 태양의 표면인 광구(光球) 면에서 일어나는 현상으로, 태양에는 주로 수소로 이루어진 대기가 존재한다. 안쪽의 대기층이 채층, 바깥쪽에 크게 펼쳐지는 대기층이 코로나다.

개기일식 중에는 밝은 태양 표면이 달에 가려져 희미한 태양 대기의 모습을 볼 수 있는데, 특히 태양 가장자리 부근의 붉은 채층과 그 바깥쪽의 바깥쪽까지 펼쳐지는 진주색의 코로나를

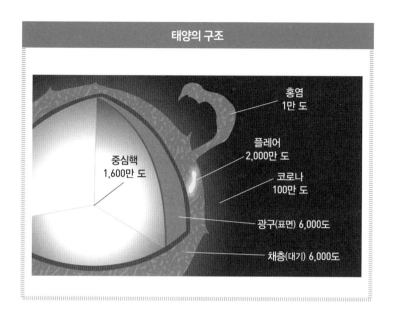

태양의 구조

홍염
1만 도

플레어
2,000만 도

중심핵
1,600만 도

코로나
100만 도

광구(표면) 6,000도

채층(대기) 6,000도

관찰할 수 있다. 1868년에는 이때의 채층부를 분광 관측하여 지구상에서 발견되지 않은 원소 '헬륨'이 발견되었다. 헬륨이란 그리스어로 태양을 의미하는 단어 '헬리오스'가 그 어원이다.

한편 20세기 중반이 되자, 개기일식 때만 볼 수 있는 외층 대기의 코로나가 100만 도가 넘는 고온이라는 것을 분광 관측으로 밝혀냈다. 태양의 표면 온도가 6,000도 정도인데, 코로나의 온도가 그것보다 더 높다는 것은 매우 놀랄 만한 발견이었다. 그 후 수많은 태양 연구자가 코로나 가열 구조의 해명에 몰두하게 된다.

또한 일본에서 개기일식을 볼 수 있는 기회는 2035년 9월 2일 이다. 이날 기타간토 지방에서 호쿠리쿠에 걸쳐서 개기일식이 일어난다(한반도에서는 2035년 9월 2일 오전 9시 40분께 북한 평양과 강원도 일부 지역에서 볼 수 있다고 한다–옮긴이).

 ## 이상 기후는 태양 탓?

최근 집중호우나 회오리, 강력한 태풍 등의 이상 기후 현상, 그 외에도 북극해 빙하 감소나 엘니뇨 등 지구 기후의 이변 현상이 눈에 띈다. '이상 기후'나 '관측 사상 최고'라는 말을 자주 듣게 되고 세계 각지에서 이상 기후로 인한 피해도 속출하고 있다.

지구의 대규모 기후 변동이 일어난 것일까? 그런 가운데 천문학자가 주목하는 내용이 있다. 요즘 태양의 움직임이 조금 이상하게 느껴진다는 점이다. 태양의 표면을 관찰하면 검은 점이 보인다. 태양을 둘러싼 자기선의 일부가 튀어나오거나 움푹 들어간 부분은 태양 내부에서 에너지가 전해지기 어려워져 온도가 내려가 까맣게 보이는 것이다. 이를 '흑점'이라고 한다.

흑점은 대략 11년 주기로 수가 증감한다. 흑점의 증감과 지구의 평균 기온 변화를 여러 해에 걸쳐 비교하면 흑점이 늘어나는 극대기에는 지구가 따뜻하고 극소기에는 지구가 추운 경향이 있다는 사실을 알 수 있다. 그 이유나 구조에 관해서는 여러 가지 의견이 있으며 아직 해명하는 단계까지는 이르지 못했다.

현재의 태양은 지난 2000년에 있었던 극대기와 비교하면 흑점의 수가 줄어든 상태다. 또한 이번 주기의 시작에는 흑점이 나타나지 않은 시기가 오래 이어져서 지금까지의 11년 주기보다 기간이 조금 늘어날 수도 있다.

이러한 경향은 과거에도 볼 수 있었다. 1650년부터 1700년 무렵에 걸쳐서 태양에 흑점이 거의 보이지 않는 상태가 지속되었다. 이를 '마운더 극소기(Maunder minimum)'라고 부르는데, 이 기간에 지구는 한랭화하여 유럽과 동아시아에서 기근 현상이 빈번하게 일어났다.

현재 태양 활동의 작은 이변에 대해 그렇게까지 걱정할 필요는 없을지 모르지만, 전문가들 사이에서는 앞으로 이산화 탄소의 증가로 지구가 온난화한다는 주장과 태양 활동이 정체되어 한랭화한다는 주장 사이에 논쟁이 벌어지고 있다.

달력에는
천문학의 역사가 담겨 있다

 달력 만들기는 중요한 나랏일

현재 일본에서는 어느 기관에서 달력을 만들까? 바로 일본 국
립천문대다. 일본 국립천문대에는 달력 계산실이 있는데 태양
을 비롯한 여러 전체의 과거 운행을 관측해서 그 후의 활동, 즉
춘분날이나 추분날을 예측한다. 또 전년도 2월 1일에 이듬해의
달력을 발표하는 것이 관례가 되어 있다(한국에서는 한국천문학연
구원이 매년 역서를 발간하고 있다–감수자).

수첩이나 달력업자, 성미가 급한 시민들이 자주 '좀 더 빨리
발표해달라', '10년 치, 100년 치를 한꺼번에 발표해달라'고 요

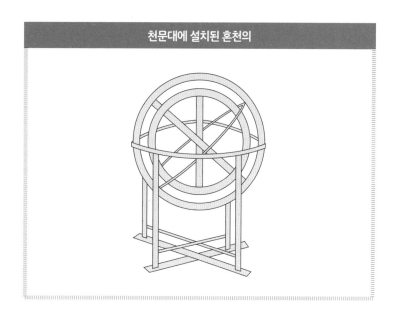

천문대에 설치된 혼천의

청한다. 그러나 달력을 만드는 작업은 매우 엄밀하며, 천체의
운행에 대해서는 완벽하게 장기 예보를 할 수 없다. 예를 들어
5월 21일의 일식이 예보를 빗나가서 20일에 일어났다거나 일본
에서는 달이 이지러지지 않고 미국에서는 이지러졌다고 하면
곤란할 것이다.

  언제 커다란 천체(혜성, 소행성)가 지구에 접근하여 지구나 달
이 지나는 길을 아주 조금이라도 바꾸지 않는다고 단정할 수 없
기 때문이다. 그렇다고 세세한 데까지 충분히 신경 쓰라는 의미
에서 갖고 있는 만년 달력을 버릴 필요는 없다.

옛날부터 달력 만들기는 중요한 나랏일이었다. 고대 중국에서는 일식 예보를 틀려서 목이 잘린 관리가 있을 정도다.

얼마 전 도쿄 구라마에 앞에 있던 아사쿠사 천문대 자리를 찾아가봤다. 내가 근무하는 일본 국립천문대는 1988년에 발족했는데 그 전신인 도쿄 천문대는 그보다 100년 전인 1888년에 탄생했다. 또한 도쿄 천문대의 전신은 지금으로부터 330년 전인 1685년에 에도 막부가 설치한 천문방이라는 관청이다.

 ## 천문방이 활약한 시대

일본 소설가 우부가타 도우(沖方丁)의 『천지명찰』(2014년 이규원 역, 북스피어)이라는 소설이 있다. 이 작품에서 그려낸 시부카와 하루미(渋川春海)는 실존 인물로 에도 막부가 최초로 임명한 천문방 책임자다.

때는 에도 막부 5대 쇼군 도쿠가와 쓰나요시(德川綱吉) 시절. 그전까지 교토의 조정이 오랜 세월에 걸쳐 제작해온 일본의 달력은 정밀도가 낮아서 일식이나 월식 예보에 계속 실패했다. 그 당시 문명의 발상과 함께 하늘의 학문을 해독하는 천문을 통해 달력이나 시간을 각국이 독자적으로 결정한 관례가 있었다.

막부에서는 달력의 정밀도가 낮은 문제를 해결하기로 하고 달력 제작의 적임자로 시부카와 하루미를 임명했다. 막부의 명령을 받은 시부카와 하루미의 활약으로 정밀도가 높은 일본의 독자적인 달력이 완성되었고 에도 막부는 5대째에 드디어 조정으로부터 중요한 나랏일을 빼앗았다.

에도 시대의 관청은 지금과 달리 세습제였는데 시부카와 하루미가 개설한 이후 천문방의 일은 제자를 양자로 삼는 일을 반복하며 막부 말까지 유지되었다. 아사쿠사 천문대는 1782년에 설치된 일본 최초의 본격적인 천문대다.

도리고에 신사 근처에 높이 10미터의 흙을 쌓아 만들었는데 당시에는 몇 가지 천체 관측 장치가 설치되어 여러 곳의 천문방 관리들이 활약했다. 일본 지도를 만든 것으로 유명한 이노 다다타카(伊能忠敬)도 18세기 말의 천문방 책임자인 다카하시 요시토키(高橋至時)의 제자로 이곳에서 천문학과 측지법을 공부했다.

1868년 메이지유신 후 서양을 본떠 1873년에 그때까지의 태음태양력을 대신하여 처음으로 태양력이 채용된다. 천문방은 1877년에 발족한 도쿄대학교의 전신 중 하나로 도쿄대학교에는 이학부 성학(星學)과가 설치된다. 또 1888년에 도쿄의 아자부 이쿠라에 도쿄대학교 도쿄 천문대가 설치되었고, 그 후 간토대지진을 계기로 현재의 도쿄 미타카시에 본부를 옮겨 설치했다. 1988년 도쿄대학교에서 독립할 때 명칭이 변경되어 일본 국립천문대가 되었다.

일본 국립천문대의 330년 역사는 천문학의 장래에 큰 교훈이 될 뿐만 아니라 우리가 천문학 발전에 힘을 쏟아야 하는 이유를 제시해준다.

 ## 생활에 꼭 필요했던 천문 지식

최근 일본에서는 해피 먼데이 제도(공휴일과 일요일이 겹치지 않도록 공휴일을 월요일로 옮긴 일본의 경축일 제도. 한국의 대체 휴일제와 비슷하다 - 옮긴이)를 도입했다. 그런 탓에 국경일이 몇 월 며칠인지 알기 어려워진 것처럼 느껴진다.

3월의 춘분, 9월의 추분, 하지나 동지, 24절기(대한, 경칩, 입하 등) 등은 천문 현상, 즉 1년 동안 태양의 움직임을 예측해서 반영하므로 해마다 날짜가 달라진다. 예를 들어 춘분은 태양이 남반구에서 천구의 적도를 가로질러 북반구로 이동하는 시각이 포함되는 날을 말한다. 왠지 귀찮고 난해하지 않은가? 이날은 태양이 정동쪽에서 떠올라서 정서쪽으로 지는 날로 기억하면 된다.

이렇듯 달력은 천체 관측을 근거로 하여 해마다 새롭게 만들어진다. 달력의 역사는 옛날부터 여러 설이 있어왔지만 적어도

5000여 년 전부터 사용되었다는 것이 정설로 받아들여지고 있다. 머나먼 옛날, 달력은 주로 농사에 아주 중요하게 쓰였다.

예를 들어 고대 이집트에서는 매년 정해진 시기에 나일강이 범람했기 때문에 항성 시리우스가 동틀 녘에 보이느냐 안 보이느냐로 그 시기를 예측했다. 계절에 따라 보이는 별자리가 다른 것은 지구가 공전한 결과 1년이라는 주기가 생기기 때문이다.

천문 현상 중에서 달이 차고 이지러지는 모습(삭망)을 보면 주기성을 가장 알기 쉽다. 이것에 따라 한 달이 정해진다. 마치 하늘에 보이는 일력 같아서 이를 '태음력(太陰曆)'이라고 부르며 지금도 이슬람 국가들은 이 태음력을 이용하고 있다.

한편 움직임이 느린 탓에 관찰이 필요하지만 태양이 지는 위치를 조사하면 계절에 따라 정서쪽에서 남쪽이나 북쪽으로 기우는 등 1년 주기의 변화를 관찰할 수 있다. 하늘 위에서 움직이는 태양을 기준으로 만든 달력이 '태양력(太陽曆)'이다.

달의 삭망 주기는 쉽게 알 수 있지만 1삭망월이 29.5일이므로 그대로 12개월을 계산하면 태양 운행 주기인 1년과 어긋난다. 그 결과 달력에 계절감이 사라지고 만다. 그래서 달의 삭망과 태양의 움직임을 섞어서 필요에 따라 윤달을 끼워 넣어 절기를 맞추는 달력이 고안되었다. 이것이 '태음 태양력', 이른바 '구력(舊曆)'이다(한국에서는 '음력'이라고 한다—옮긴이). 중국처럼 지금도 태음 태양력을 생활에 도입한 나라가 꽤 많다.

세계의 역사 속에서 시리우스와 같은 항성이나 달, 태양을 제외한 천체를 달력 기준으로 삼은 지역도 있다. 중앙아메리카의 마야 문명에서는 금성의 움직임을 기준으로 한 마야 달력을 채용했다.

견우와 직녀는
서로 만날 수 없다?

  별과 별 사이의 거리는 어느 정도일까

사람들이 가장 친숙하게 느끼는 항성은 칠석별인 견우성과 직녀성이 아닐까? 일본에는 센다이나 히라쓰카를 비롯해 칠석제를 성대하게 축하하는 지역이 꽤 많다. 일본 각지의 역이나 상점가에서 사사카자리(소원을 적은 여러 가지 색깔의 종이를 대나무에 묶은 장식-옮긴이)가 보일 뿐만 아니라 유치원, 어린이집, 초등학교 등에서는 칠석제를 지내는 곳이 많다. 그러나 칠석은 견우와 직녀가 1년에 한 번 만나서 데이트하는 날인데도 밤하늘이 맑게 개지 않는 해가 대부분이다.

칠석은 먼 옛날 중국에서 유래된 진승이다. 일본에서는 1872년까지는 현재의 태양력과는 다른 태음 태양력을 사용했다. 이른바 구력(음력)이다. 음력 7월 7일은 일반적인 해라면 장마가 끝난 후 8월 무렵이 되므로 옛날에는 칠석날 밤하늘에 뜨는 반달(상현달)과 은하수, 그리고 양쪽 기슭에서 빛나는 견우성과 직녀성을 바라보며 장마가 끝난 것을 성대하게 축하한 모양이다.

지구에서 직녀성(거문고자리의 베가)까지는 25광년, 견우성(독수리자리의 알타이르)까지는 17광년이 걸린다.

우주의 거리를 나타내는 단위에는 태양계 내에서 사용하는 '천문단위'와 별자리를 형성하는 별들의 세계처럼 좀 더 먼 우주에서 사용하는 '광년'이 있다.

'1천문단위'란 어느 정도의 거리를 나타낼까? 태양계의 중심에는 태양이 있다. 눈부시게 빛나는 태양이지만 우리가 보는 태양은 지금 현재 빛나는 태양이 아니다. 태양으로부터 빛이 도달하려면 태양과 지구 사이의 거리, 약 1억 5,000만 킬로미터를 태양광이 지구까지 날아와야 한다. 이 거리를 빛이 나아가는 데 8분 19초(499초)가 걸리고 이것을 1천문단위라고 부른다. 즉, 태양이 지금 이 순간에 폭발해도 8분 19초가 지나야 지구에 있는 우리가 깨달을 수 있다.

한편 빛이 우주 공간을 1년 동안 나아가는 거리를 '1광년'이라

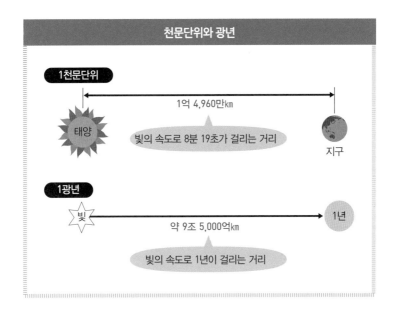

천문단위와 광년

1천문단위

1억 4,960만km

태양

빛의 속도로 8분 19초가 걸리는 거리

지구

1광년

빛

약 9조 5,000억km

1년

빛의 속도로 1년이 걸리는 거리

고 부른다. 빛은 진공 중, 즉 우주 공간을 초속 30만 킬로미터로 나아가므로 지구를 1초에 일곱 바퀴 반을 돌 수 있다(지구의 전체 둘레는 약 4만 킬로미터).

빛이 1년 동안 똑바로 나아가면 약 9조 5,000억 킬로미터 멀리까지 나아갈 수 있다. 1977년에 발사한 행성 탐사선 보이저 (Voyager) 1호는 인공물로는 세계에서 가장 빠른 속도를 자랑한다. 태양계 바깥쪽을 시속 6만 킬로미터라는 굉장한 속도로 달리고 있는 것이다. 보이저 1호를 발사한 지 40년 가까이 지났지만, 도달한 거리는 지구에서 약 130천문단위, 즉 200억 킬로미터 정도이므로 빛의 속도가 얼마나 빠른지 알 수 있다.

 ## 견우와 직녀의 사랑의 행방

견우성, 직녀성과 함께 여름의 대삼각형을 이루는 일등성에는 백조자리의 일등성 데네브가 있다.

백조의 꼬리에 있는 데네브는 지구에서 1,400광년 떨어져 있어서 우리가 지금 보는 데네브의 별빛은 1,400년 전 데네브에서 출발한 빛인 셈이다. 이렇듯 마치 천체 투영관의 둥근 천장에 달라붙어 있는 것처럼 보이는 항성까지의 거리는 사실 각각 다르다. 반대로 생각하면 25광년, 17광년, 1,400광년으로 전혀 다른 거리에 있는 항성이 지상에서는 거의 똑같은 밝기로 빛나는 것도 신기한 이야기다.

별의 겉보기 밝기는 그 별에서의 거리 제곱에 반비례하므로 견우성과 데네브의 진짜 밝기, 즉 절대 등급은 1만 배 가까이나 차이 난다. 데네브처럼 빛을 대량으로 방출하는 항성은 거성이나 초거성으로 불린다. 이렇게 항성에도 개성이 있는 것을 알 수 있다.

25광년 거리에 있는 직녀성에서 나온 빛은 25년 전의 빛이 지구에 닿은 것이다. 한편 견우성까지는 지구에서 17광년 떨어져

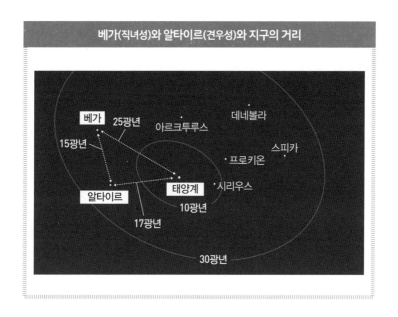

베가(직녀성)와 알타이르(견우성)와 지구의 거리

있으므로 17년 전의 빛이다. 두 별 사이의 거리는 15광년이다. 9조 5,000억 킬로미터를 15번 곱한 거리다.

칠석이 다가와서 직녀가 "견우 씨, 7월 7일에 은하수에서 만나요"라고 연락하면 그 전파는 15년 후에 견우에게 도착한다. 그리고 견우성에서 "좋아요"라고 바로 답을 해도 30년 후에야 겨우 직녀성에 답장이 도착하게 된다. 천문학적으로 따지면 견우와 직녀는 해마다 만날 수 없다.

천문학자는 우주를 관측하고 있지만, 이 이야기에서처럼 우주는 먼 곳을 볼수록 그만큼 과거의 모습을 보는 것이 된다. 지금 현재의 모습을 알 수 있는 것은 지구 주변의 우주뿐이다.

 ## 지구와 많이 닮은 별의 존재

현재 지구 이외의 별에서는 생명체를 하나도 발견하지 못했다. 다만, 1995년에 페가수스자리 51번별이라는 항성에서 세계 최초로 태양계 외의 행성(외계 행성)이 발견되었다.

예부터 그 존재를 상상해왔는데 스스로 빛나지 않는 먼 곳의 행성을 찾기 위해서는 천체 관측 기술의 발전이 필수적이었다. 그 후 잇따라 외계 행성이 발견되고 현재로는 3,500개가 넘는 외계 행성이 확인되었다.

물론 견우성과 직녀성이 어떤 별인지도 아직 정확히 찾지 못했지만 지구와 크기나 환경이 비슷한 별도 점차 발견되고 있다. 현재 가동 중인 천체망원경이나 관측위성으로는 아직 생명체가 사는 별의 후보에 드는 천체에 생명체가 존재하는지 여부를 해명할 능력이 없다.

하지만 2020년대에 들어 구경 30미터가 넘는 초대형 망원경이 완성되거나 생명체가 사는 별을 찾아내는 것을 목적으로 한 우주 망원경이 발사되면 머지않아 영화 〈스타워즈〉와 같은 세계가 현실이 될지도 모른다.

태양계의 끝을
찾아서

토성에서 본 지구

우리 태양계의 중심에는 항성인 태양이 있다. 지구상의 생명체
는 대부분이 태양 에너지에 의지하여 존재한다. 태양에서 지구
까지의 거리는 앞에서 말했듯이 약 1억 5,000만 킬로미터로 빛
이 8분 19초 만에 도달하는 거리다. 그 거리가 1천문단위라는
태양계 내 거리의 기준이다.

태양에서 토성까지의 거리는 그 10배인 10천문단위다. 토성
근처까지 가보자. 77쪽에서 소개했듯이 행성 탐사선 카시니는
토성 둘레를 돌며 계속 탐사해왔다.

2013년에는 태양을 토성의 그림자로 가리고 지구 촬영을 시도했다. 그렇게 하지 않으면 태양이 너무 눈부셔서 지구나 화성 등의 행성을 촬영할 수 없기 때문이다. 촬영할 때는 지구상에서 2만 명이 넘는 사람이 토성을 향해 손을 흔들었다. 이 기념사진을 보면 지구가 아주 작은 점이라는 것을 실감할 수 있다.

 ## 보이저 1호는 지금 어디에?

보이저 1호는 인류가 발사한 인공물 중에서 가장 멀리까지 날아갔다. 1977년에 잇따라 발사된 보이저 1호와 2호는 수많은 행성 탐사선 중에서 역사상 가장 눈부시게 활약한 탐사선이라고 해도 과언이 아니다.

두 탐사선은 목성과 토성에 접근했고 2호는 또다시 천왕성, 해왕성에도 접근했다. 목성의 위성 이오에서는 활화산이 분화한 모습을 발견했다. 또한 토성에서는 고리 구조를 상세하게 사진으로 찍어 보내 토성 주위의 고리가 무수히 많은 가는 고리로 이루어져 있다는 사실을 알려줬다. 보이저에서 보내온 생생한 영상에 많은 사람들이 매료되었다.

보이저 2호보다 발사 시점은 늦었지만, 진행 경로가 더 앞서 있는 보이저 1호는 현재 지구에서 약 200억 킬로미터 떨어진 거

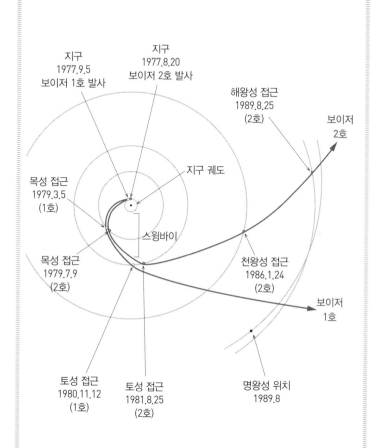

보이저의 경로

지구
1977.9.5
보이저 1호 발사

지구
1977.8.20
보이저 2호 발사

해왕성 접근
1989.8.25
(2호)

보이저
2호

목성 접근
1979.3.5
(1호)

지구 궤도

스윙바이

목성 접근
1979.7.9
(2호)

천왕성 접근
1986.1.24
(2호)

보이저
1호

토성 접근
1980.11.12
(1호)

토성 접근
1981.8.25
(2호)

명왕성 위치
1989.8

참고 : 『신판 지학교육강좌⑪(新版地学教育講座⑪)』「별의 위치와 운동」 도카이대학출판회
(東海大学出版会)

리를 항해 중이며 이는 태양과 지구 사이 거리의 약 130배에 달한다. 만약에 여러분이 보이저 1호에 탔더라면 그곳에서는 우리 고향 지구를 더 이상 찾아보기 어려웠을 것이다.

보이저 계획을 추진한 사람은 미국의 천문학자 칼 세이건이다. 그는 외계인에게 보내는 메시지를 파이오니아(Pioneer)나 보이저에 실어보낸 것으로도 유명하다.

1990년 보이저 1호가 사진을 찍어서 지구에 송신할 수 있는 마지막 기회에 카메라를 지구 쪽으로 돌려 태양계 행성들을 전부 촬영하도록 보이저 1호에게 명령을 보냈다. 보이저가 명령을 받았을 때의 위치는 지구에서 40천문단위(약 60억 킬로미터)로 딱 명왕성 부근의 거리였다. 이렇게 지극히 먼 거리에서 촬영한 지구의 모습은 아주 희미한 빛의 점에 불과했다. 이 지구의 모습은 '창백한 푸른 점(Pale Blue Dot)'으로 불리며 지금도 가장 먼 곳에서 촬영한 지구 사진으로 기록되고 있다.

그리고 2013년 9월, 보이저 1호가 인공물체로는 처음으로 태양권역 밖으로 나갔다고 NASA가 발표했다. 하지만 보이저 1호는 태양계를 나간 것이 아니라 '태양 자기권'을 벗어난 것에 지나지 않는다. 태양에서 방출되는 하전 입자, 즉 태양풍이 미치는 범위를 태양 자기권(줄여서 태양권)이라고 부른다. 보이저 1호는 태양풍보다도 태양계 주위의 항성에서 방출되는 하전 입자가 많은 영역에 도달했다는 뜻이다.

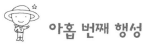

아홉 번째 행성

지구에서 200억 킬로미터 떨어진 곳, 즉 해왕성보다 더 바깥쪽에는 카이퍼 벨트(Kuiper Belt)라고 불리는 얼음으로 이루어진 소천체들이 태양 주위를 공전하고 있다. 2016년 1월 그 먼 곳에 태양계의 아홉 번째 행성이 존재할 가능성이 높다는 소식이 발표되었다.

제9행성은 지구 무게의 10배 정도이며 1만~2만 년에 걸쳐서 태양 주위를 한 바퀴 도는 듯하다. 단, 타원형의 궤도로 돌기 때문에 태양에서 똑같은 거리를 도는 것은 아니다. 태양에서 가장 멀리 떨어질 경우 보이저 1호를 넘어 태양에서 900억 킬로미터나 멀어진다.

이 가슴 설레는 예언을 한 사람은 2003년 명왕성 바깥쪽에 에리스(Eris)라는 천체를 찾은 미국의 마이클 브라운(Michael E. Brown, 1965~) 박사다. 에리스의 발견으로 명왕성은 제9행성에서 탈락해 왜소행성으로 그 지위가 바뀌었다. 브라운 박사의 새로운 제9행성에 대한 예언은 전 세계에서 현재 크게 주목받고 있다.

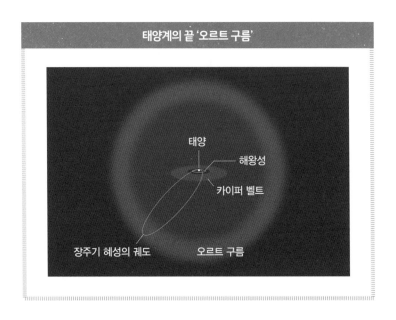

태양
해왕성
카이퍼 벨트
장주기 혜성의 궤도
오르트 구름

그럼 태양계의 끝은 어디일까? 천문학자는 보통 장주기 혜성의 기원인 '오르트 구름(Oort cloud)'까지를 태양계라고 인식한다. 오르트 구름은 태양의 중력으로 태양 주위를 공전하는 천체가 존재하는 범위 내를 말하며 태양계를 공 모양의 얇은 껍질처럼 둘러싸고 있다. 이는 1950년 네덜란드의 천문학자 얀 오르트(Jan Hendrik Oort, 1900~1992)가 주장한 내용이다.

오르트 구름에서는 판스타스(Pan-STARRS) 혜성이나 아이손(ISON) 혜성 등 많은 혜성들이 태양을 향해 다가오고 있다. 태양계 형성의 역사를 감안해도 여기까지가 46억 년 전에 탄생한 태양계의 일원으로 예상된다.

지구에서 오르트 구름까지의 거리는 태양에서 지구까지의 거리보다 약 1만 배나 떨어진 1조 킬로미터나 된다. 아직 태양계의 끝은 멀다는 뜻일까?

가장 먼저 뜨는
별을 보는 방법

 ## 하늘이 가장 아름다운 시간

가을의 해는 두레박이 떨어지듯이 빨리 저문다. 그래도 떠들썩한 여름이 지나간 후 찾아오는 가을의 해질녘은 자연이 선사하는 멋진 풍경이다. 그러나 어느 계절이나 해가 지자마자 하늘이 어두컴컴해지지는 않는다. 서쪽 하늘에서 저녁놀이 아름답게 빛나며 서서히 어두워진다.

해가 저물고 나서 캄캄해질 때까지의 시간대와 이른 아침 해 뜨기 전까지의 시간대를 '박명' 또는 '트와일라이트(twilight)'라고 부른다. 이때 지평선 밑에 있는 태양빛이 대기 중의 먼지와 수

증기에 의해 사방으로 산란되면서 하늘이 희미하게 밝아온다.

박명은 계절마다 길이가 약간 다른데 평균 1시간 반 정도다. 이 박명은 하늘을 가장 아름답게 느낄 수 있는 시간이라고 한다. 한편 북극권이나 남극권 등 위도가 높은 지역일수록 계절마다 박명의 길이가 달라진다. 북위 66.6도 이상의 장소를 북극권이라고 하는데 여름에는 태양이 온종일 저물지 않는 백야(白夜) 현상이 나타난다. 또한 북극권에 가까운 장소에서는 태양이 지평선 밑으로 조금 저물기는 하지만 박명이 지속된 채 아침을 맞이한다. 이런 경우도 백야라고 부른다.

아름다운 하늘을 좋아하는 사람이라면 가장 먼저 하늘에 떠서 반짝반짝 빛나는 별을 찾아보고 싶은 마음도 간절하지 않겠는가?

박명 시간은 지역마다 차이가 있다. 박명 달력을 이용해서 거주하는 곳의 박명 시간을 알아놓자(한국천문연구원 천문우주지식정보 등의 사이트에서 확인할 수 있다-옮긴이).

 어떤 별이 가장 먼저 뜰까?

계절에 상관없이 해가 저문 서쪽 하늘에 유난히 밝게 빛나는 별이 보일 때가 있다. 그것은 아마도 금성일 것이다. 금성은 옛날부터 태백성, 또는 샛별로 불려왔다. 지구에 가장 가까운 행성이며 그 표면은 두터운 구름으로 뒤덮여 있어서 태양빛을 그대로 반사하므로 일등성의 100배나 밝은 마이너스 4등성이다. 그래서 저녁의 서쪽 하늘이나 새벽의 동쪽 하늘에서 빛난다. 눈이 좋은 사람은 박명이 시작되기 전부터 푸른 하늘에서 금성을 찾을 수 있다고 하는데, 일반적으로는 박명이 시작되자마자 찾는 경우가 많을 것이다.

금성이 저녁 하늘에 없는 경우에는 그 계절의 일등성이나 다른 행성이 가장 먼저 뜨는 별인 경우가 대부분이다. 또 같은 하늘에서 빛나는 별이라도 금성을 비롯한 행성과 별자리를 이루는 항성이 빛나는 방법에 차이가 있다는 것을 아는가?

시리우스나 리겔, 베가 등의 항성은 너무나 먼 곳에 있어서 빛이 하나의 점으로 지구에 도달한다. 빛이 지구에 근접하면 대기의 일렁임에 의해 마치 깜빡깜빡 빛나는 것처럼 보인다. 특히 상공에서 제트기류의 흐름이 빨라지는 겨울밤에는 별의 반짝임이 평소보다 커지는 것을 알 수 있을 것이다.

한편 행성의 경우에는 망원경으로 조금 확대해서 보기만 해도 그 표면을 관찰할 수 있듯이 마치 원반처럼 보인다. 따라서 별처럼 깜박거리지 않고 묵직하게 빛나 보인다. 이 차이를 알아두면 가장 먼저 뜨는 별이 행성인지 항성인지 알 수 있다.

최근에는 별자리판(별자리조견반)을 대신해서 스마트폰의 별자리 애플리케이션을 이용하는 사람도 많은 모양이다. 해질녘의 박명 시간에 잠깐 짬이 나면 하늘에 스마트폰을 비추어 막 뜨기 시작하는 별들과 대화를 나눠보는 것도 낭만적이지 않을까?

우주는
미스터리로
가득 차 있다

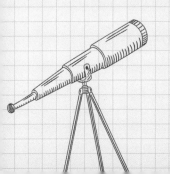

'우주 최초의 별'을 발견하라

 ## 우주의 암흑 문제

현재 천문학자 앞에는 우주의 암흑 시대(dark ages), 암흑 물질(dark matter), 암흑 에너지(dark energy)라는 암흑 문제가 가로놓여 있다. 여기에서는 암흑 시대에 대해 살펴보고, 뒤에서는 암흑 물질과 암흑 에너지에 대해 살펴보기로 하자.

우주는 지금으로부터 약 138억 년 전에 빅뱅이 일어나며 탄생한 것으로 알려져 있다. 이를 '빅뱅 우주론'이라고 부른다. 암흑 시대란 빅뱅이 있은 지 38만 년 후에 일어난 우주의 맑게 갬 현상에서부터 우주 최초의 별이 탄생하기까지 수억 년 동안의 암흑 기간을 뜻한다. 즉, 우주에서 별이 빛나기 전인 시대를 말한다.

이 시대에 대해서는 지금도 알려진 바가 거의 없다. 최초의 별이 탄생한 우주 초기, 즉 가장 먼 우주를 조사하려면 현존하는 것보다 훨씬 더 큰 천체망원경이 필요하다.

 ## 빅뱅과 우주의 탄생

우주의 시작도 아직 밝혀내지 못한 커다란 문제 중 하나다. 우주가 '무(無)'에서 탄생했다는 말도 있다. 무란 현재의 우주와 같은 물질, 공간, 시간도 존재하지 않는 상태를 가리킨다.

갓 태어난 우주에서는 차원의 수가 11개나 있었던 것으로 예상된다. 오래지 않아 나머지 차원이 줄어들어 3차원 공간에 시간 1차원이 더해진 4차원의 우주가 되었다.

우주는 탄생과 동시에 마치 아주 작은 알 하나가 순식간에 은하단보다 훨씬 더 큰 크기로 커지는 것처럼 상상을 초월하는 팽창을 일으켰다. 이것을 우주의 인플레이션 또는 급팽창이론이라고 한다.

인플레이션이 있었다는 증거는 아직 찾아내지 못했지만 상황증거 차원에서 이론적으로는 강력하게 지지를 받고 있는 주장이다. 또 그 시기의 우주에 내포되어 있던 진공 에너지가 갑자기 열에너지로 상전이가 일어난다. 좁은 의미로는 이 상전이의 순간을 빅뱅이라고 부른다.

빅뱅의 무시무시한 열은 갓 태어난 우주 공간을 또다시 팽창시켰다. 인플레이션과 빅뱅으로 우주에 시간이 탄생하고 공간이 넓어지기 시작했다는 뜻이다.

빅뱅은 마치 불덩어리 우주와 같다. 항성 내부의 핵융합 반응을 초월하는 초고온, 초고밀도 상태였다고 생각할 수 있다. 거기서 대량의 소립자가 탄생했다.

당시 소립자에는 두 종류가 있었다. 하나는 '입자'이고 또 하나는 입자와 반응하면 막대한 에너지를 내면서 소멸하는 '반입자'다. 반입자는 입자에 비해 입자 10억 개에 하나 꼴로 적었기 때문에 우주 초기에 전부 소멸했다. 그리고 조금 남은 입자가 현재 우주의 모든 물질의 기원이 되었다.

 안개의 시대에서 맑음의 시대로

우주는 급격한 팽창과 함께 온도가 점점 떨어졌다. 이때 소립자와 동류인 쿼크(quark)가 모여서 양자와 중성자가 생겨났다. 또 양자와 중성자가 모여서 수소와 헬륨의 원자핵이 탄생했다. 이때 탄생한 원자핵은 총수의 92퍼센트가 수소, 나머지 8퍼센트

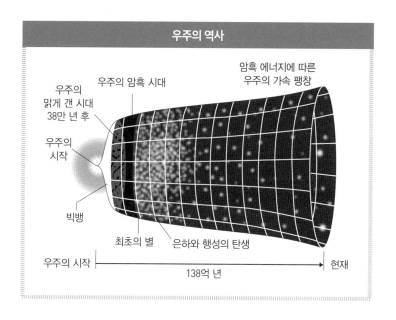

가 헬륨이고, 리튬도 아주 조금 생겨났다. 여기까지가 빅뱅 직후 약 3분 동안 일어난 일이다.

초기 우주에서는 대량의 전자가 이리저리 날아다녔다. 광자는 전자와 충돌하면 직진할 수 없기 때문에 당시 우주는 안개 속처럼 불투명했다. 빅뱅이 일어난 지 38만 년 후 팽창과 더불어 우주의 온도가 충분히 내려가자(3,000도) 전자는 원자핵과 결합해서 원자가 되어 광자의 진로를 방해하지 않게 되었다. 이렇게 해서 우주는 앞이 잘 보이게 되었다. 이것이 우주가 맑게 갠 순간이다. 이때 풀려난 빛을 현재 우리는 우주배경복사라고 하

우주는 미스터리로 가득 차 있다

며 절대온도 3K(영하 270도)의 마이크로파로 관측할 수 있다.

우주가 맑게 갠 후에는 우주에 있는 모든 수소, 헬륨, 리튬이 원자 상태였다. 빛을 내는 것이 전혀 없는 암흑이 수억 년 동안 이어졌다. 이 원소들이 모여 항성이 탄생하자 비로소 항성이 발한 빛이 깊은 어둠으로 뒤덮인 우주에 풀려났다. 그 빛, 즉 우주 최초의 별을 찾으려고 각국의 천문대가 사력을 다하고 있다.

97쪽에서도 설명한 일본의 국립천문대가 미국, 캐나다, 중국, 인도와 협력하여 제작 중인 초거대 망원경 TMT가 완성되면 스바루 망원경에 비해 해상력이 4배, 집광력이 10배 이상의 성능을 갖추게 된다. 이로써 우주 최초의 별이나 최초의 은하 형성을 반드시 파악할 수 있을 것이다.

구경 30미터가 넘는 차세대 초대형 망원경 계획은 다른 나라에서도 두 가지가 계획되고 있으며 10년 후에는 30미터급 망원경을 이용한 과학이 천문학의 주류가 될 것이다.

빅뱅이 일어난 지 수억 년 뒤 태어난 우주 최초의 별은 어떤 식으로 빛났을까?

암흑 에너지의
수수께끼

암흑 물질의 정체

지구의 대기는 78퍼센트가 질소 분자, 21퍼센트가 산소 분자로
이루어져 있다. 또 우리 인체의 조성은 원소로 비교해보면 산소
65퍼센트, 탄소 18퍼센트, 수소 10퍼센트, 질소 3퍼센트다. 그
럼 우주는 어떻게 구성되어 있을까?

2013년 유럽 우주국(ESA)이 발사한 우주배경복사 관측위성 플
랑크(Planck)가 최신 연구 결과를 발표했다. 그 내용에 따르면 우
주를 구성하는 물질과 에너지의 총량 중 일반적인 물질은 4.9퍼
센트, 암흑 물질은 26.8퍼센트, 암흑 에너지가 68.3퍼센트라고

한다.

하늘에 빛나는 항성을 비롯해 우주를 구성하는 원소는 우주 전체의 물질과 에너지의 총량에 비해 고작 5퍼센트 정도에 불과하다고 한다.

한편 약 27퍼센트를 차지하는 암흑 물질이란 아직 구체적으로 무엇인지 알지 못하는 미지의 물질이지만, 암흑 물질도 원소처럼 중력의 작용을 받는 것으로 알려져 있다.

암흑 물질의 후보에 대해서는 여러 의견이 있어서 다양한 실험과 관측을 반복해왔다. 그 결과 암흑 물질은 미지의 소립자가 아닐까 추측되고 있지만 아직 그 증거를 찾지 못했다.

암흑 물질의 존재에 관해서는 1960년대에 이미 예언되었다. 지금은 중력 렌즈라는 현상을 이용해서 전자파로 파악할 수 없는 우주에 분포된 암흑 물질을 찾을 수 있다. 중력 렌즈란 100년 전에 알버트 아인슈타인이 일반 상대성이론으로 예언한 현상이다. 일반 상대성이론을 한마디로 말하자면 '우주의 시간과 공간은 중력이 지배한다'라는 생각이다.

아인슈타인은 태양처럼 질량이 큰 천체의 중력이 우주 공간 자체를 휘게 만들고, 큰 천체의 근처를 통과할 때 빛의 진로가 굴절된다고 예언했다. 마치 렌즈를 놓았을 때처럼 굴절되는 것 때문에 이 현상은 중력 렌즈라고 불리게 되었다.

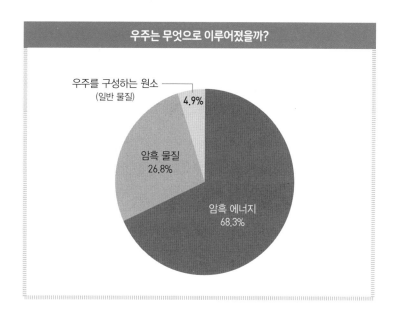

우주는 무엇으로 이루어졌을까?

우주를 구성하는 원소
(일반 물질)
4.9%

암흑 물질
26.8%

암흑 에너지
68.3%

1919년 중력 렌즈 현상은 개기일식 관측을 통해 실제로 증명되었다. 영국의 고명한 천문학자 아서 에딩턴(Arthur Stanley Eddington, 1882~1944)을 대장으로 하는 일식 탐사대가 두 팀으로 나뉘어 각각 아프리카와 브라질에서 개기일식을 관찰하고 사진을 찍었다. 그들이 촬영한 사진을 통해 일식이 없을 때(즉, 다른 계절의 야간) 측정한 일식 배경의 별빛과 개기일식 때 측정한 태양 주변 별빛의 위치가 조금 어긋난다는 점을 발견했다.

이 결과는 항성의 빛이 태양 옆을 통과할 때 태양의 중력에 의해 별빛 자체가 조금 굴절된다는 것, 즉 중력 렌즈 현상이 존재한다는 것을 증명한다. 이렇게 하여 아인슈타인의 상대성이론은 과학계에서 사실로 받아들여지는 동시에 그 후 아인슈타인의 명성을 굳건히 유지시키는 계기가 되었다.

이렇듯 중력 렌즈로 일그러진 천체를 찾고 일그러진 상태를 통해서 암흑 물질의 양과 퍼진 정도를 측정할 수 있다.

 ## 우주는 팽창하고 있다

138억 년 전 빅뱅이 일어난 이래로 지금까지 여전히 우주는 계속 팽창하고 있다. 팽창을 일으키는 에너지가 바로 암흑 에너지다. TMT에서는 머나먼 은하의 변화를 10년이 넘는 기간 동안 관측, 측정하여 우주 팽창의 양적 변화를 파악하려고 한다.

한편 1998년에 흥미로운 사실이 밝혀졌다. 우주 팽창이 현재 가속 중이라는 것이다. 그전까지는 빅뱅으로 탄생한 우주가 계속 팽창하고 있지만, 팽창의 정도가 점점 약해져서 멈추거나 그 후 수축하지 않을까 예상했었다.

그러나 약 60억 년 전부터 우주 팽창이 가속하기 시작했다는 사실이 관측을 통해 밝혀졌다. 이는 머나먼 은하에 나타나는 초신성을 수차례 조사함으로써 확실해졌다. 새롭게 나타나는 초신성의 수는 계산으로 예측할 수 있다. 또한 초신성이 매우 밝으므로 머나먼 우주라도 지구에서 그 초신성이 나타난 은하까지의 거리를 측정할 수 있다. 그 결과 우주가 팽창하는 속도가 지금보다 과거에 훨씬 더 느렸다는 사실을 알 수 있었다. 나팔 입구와 같은 모양으로 우주 팽창이 계속되고 있는데 그 자체는 매우 충격적인 사실이었다.

 ## 암흑 에너지와 아인슈타인

이 발견은 아인슈타인의 우주 방정식에 큰 영향을 주었다. 우주 방정식은 중력 작용을 엄밀하게 표현하기 위한 공식이다. 중력의 작용은 350년 전에 발견된 뉴턴의 만유인력 법칙으로 대충 나타낼 수 있다. 지구에서 일어나는 거의 모든 현상은 만유인력의 법칙만으로도 설명이 가능하다. 그러나 우주가 시작될 무렵이나 블랙홀 등 매우 강력한 중력원 근처에서는 만유인력의 법칙을 정밀화한 아인슈타인의 우주 방정식을 사용해야 한다.

시간과 공간과 중력의 관계를 정리한 일반 상대성이론에 따라 우주 방정식을 만들자 우주가 팽창한다는 결과가 저절로 도출되었다. 하지만 이 사실은 아인슈타인에게 큰 문제였다.

당시에는 아인슈타인뿐만 아니라 모두가 우주는 신의 영역이고 영원불변한 존재라고 생각했기 때문이다. 일반인들은 물론

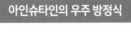

원래 아인슈타인의 방정식

$$G_{\mu v} = kT_{\mu v}$$

'우주항'을 더한 방정식

$$G_{\mu v} + \Lambda g_{\mu v} = kT_{\mu v}$$

우주항
=
암흑 에너지(척력)

$\Lambda g_{\mu v}$ 는 우주를 팽창시키는 힘을 말하지.

과학자들도 모두 우주는 불변하는 존재라고 믿었다.

영어로 우주를 의미하는 단어 중 하나인 'cosmos(코스모스)'는 '질서, 조화'라는 뜻으로 '혼돈'이라는 뜻의 'chaos(카오스)'의 반의어다. cosmos가 영원불변하지 않고 팽창한다는 것은 아인슈타인에게는 과학의 통찰력이라기보다 심리적으로 받아들이기 어려운 일이었다.

그래서 아인슈타인은 우주가 팽창하지 않고 정지해 있다는 것을 증명해야 했다. 이를 증명하기 위해 그는 확실한 물리적 근거가 없는 '우주항'이라고 불리는 새로운 항을 그의 우주 방정식에 포함시켰다. 이는 중력과 반대되는 성질로 서로 밀어내는 힘인 척력이었다.

당시 구소련에 알렉산드르 프리드만이라는 수학자가 있었다. 37세의 나이에 요절한 이 천재학자는 양자역학이나 상대성이론 등 당시의 최첨단 물리학을 터득하여 자신이 잘하는 수학을 이용해 우주의 구조를 상세히 고찰했다. 그는 아인슈타인의 일반 상대성이론을 자세히 검증하는 과정에서 '우주는 팽창하거나 수축하거나 둘 중 하나다', 즉 '정지하지 않는다'는 결론에 도달했다.

알렉산드르 프리드만
(Alexander Friedmann, 1888~1925)

아인슈타인은 이 결론을 달가워하지 않았다. 그러나 1929년 미국의 천문학자 에드윈 허블이 관측을 통해 우주의 팽창을 증명함으로써 우주가 빅뱅으로 탄생했음을 뒷받침하는 근거가 되었다. 이렇게 해서 아인슈타인은 우주항을 철회해야 했다.

그로부터 60년 후, 우주에는 역시 중력 같은 인력과는 반대되는 척력이 존재한다는 사실이 밝혀졌다. 그 척력은 암흑 에너지라고 불리게 되었다. 암흑 에너지가 지금 우주를 가속 팽창시키

고 있다. 그 정체는 유감스럽게도 현재의 과학으로는 전혀 알
수 없다.

현재 우주론 연구 현장은 혼돈 그 자체다. 미시적인 소립자를
조사하는 물리학자들이나 거시적인 우주를 실험장으로 삼는 천
문학자들도 그 궁금증을 속시원하게 해결해줄 새로운 이론이
나타나기를 애타게 기다리고 있다.

은하는
어떻게 생겨났을까?

 은하에는 종류가 있다

우리의 몸은 약 60조 개나 되는 세포로 이루어져 있다. 한편 우주는 은하라고 불리는 커다란 별의 집단으로 이루어져 있다. 은하의 수는 약 수천억 개라고 추정되는데 정확한 수는 알 수 없다.

또한 세포처럼 서로 달라붙어서 존재하는 은하는 드물며 은하군, 은하단, 초은하단 등 집단을 만들지만 은하끼리 서로 떨어져서 독립적으로 존재하고 그 사이를 매우 희박한 수소 가스가 차지하고 있다.

인간의 세포는 뼈와 피부, 내장, 신경 등 약 200종류나 되지

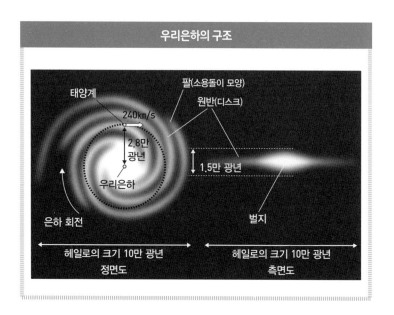

팔(소용돌이 모양)

태양계

원반(디스크)

240km/s

2.8만
광년

1.5만 광년

우리은하

은하 회전

벌지

헤일로의 크기 10만 광년

헤일로의 크기 10만 광년

정면도

측면도

만, 은하는 형태에 따라 나선은하와 타원은하, 둘 중 어느 것으로도 분류하기 어려운 불규칙은하 세 유형으로 크게 구분된다.

나선은하는 위의 그림처럼 중심 부분의 벌지(bulge, 부풀어올라 튀어나온 것이라는 뜻), 원반 모양의 소용돌이를 형성하는 디스크, 벌지와 디스크를 에워싸는 헤일로(halo, 후광이라는 뜻)로 구성되어 있다.

나선은하는 위에서 보면 소용돌이 모양이지만, 옆에서 보면 납작해서 마치 팬케이크와 같은 형태를 띤다. 이런 나선은하 속에 우리가 사는 은하계, 즉 우리은하도 포함되어 있다.

최근 연구에 따르면 우리은하는 지름이 10만 광년이고, 태양계는 그 중심에서 2만 8,000광년 떨어진 오리온 팔(Orion arm)이라는 나선팔 안에 존재한다는 사실이 밝혀졌다. 또한 우리은하의 벌지는 둥글지 않고 소용돌이의 중심이 되는 막대 모양을 하고 있다는 사실도 알아냈다.

 ## 가장 먼저 생긴 은하

우리는 태어나서 십수 년 동안 하나의 수정란에서 60조 개나 되는 세포로 분열하여 늘 대사를 되풀이하고 있다. 한편 우주가 탄생한 지 138억 년이 되었지만 은하의 수는 수천억 개 정도이므로 우주에 비해 우리 인간의 성장이 빠르다고 할 수 있다. 단그 크기는 비교 대상이 못 된다.

또한 우주의 맨 처음에 하나의 은하가 있어서 그것이 분열을 반복하여 수천억 개의 은하가 된 것은 아니다. 그러나 초기 우주에서 어떻게 은하가 형성되었는지는 아직도 자세히 알지 못한다.

현재 알고 있는 가장 먼 은하는 허블 우주 망원경으로 찾은 'EGS8p7'이라고 불리는 은하이며 지구에서 132억 광년 정도 떨어져 있는 것으로 추측된다. 우주의 나이는 138억 세이므로 탄생한 지 6억 년 후에는 은하가 이미 형성되었다는 사실을 알 수 있다.

가장 먼 은하란 가장 초기에 생긴 은하라는 뜻이다. 가장 먼저 생긴 은하를 찾기 위해 일본 국립천문대의 스바루 망원경을 비롯하여 각국의 대형 망원경이 각축을 벌이고 있다.

그 덕분인지 해마다 기록이 갱신되는 것으로 보아 앞으로 초기 은하를 찾을 가능성도 없지 않다. 천문학자가 가장 먼 은하를 찾는 이유는 그것이 항성이 처음에 어떻게 탄생했는지 해명할 수 있는 단서가 되기 때문이다.

초기 은하는 분명 우주 최초의 별이라고 부를 수 있는 천체다. 하지만 수소 원자만 있을 뿐 빛을 내지 않는 칠흑 같은 우주에서 언제 어떻게 별이 빛나기 시작했는지는 아직 정확히 밝혀지지 않았다. 최신 과학기술과 연구를 통해 그 비밀이 서서히 밝혀지는 것을 보면 자못 흥미진진하다. 별은 그 후 우주에서 점점 빛을 내게 되고 곧 은하가 형성되었다고 추측된다.

 은하는 어떻게 흩어졌을까?

현재 은하의 분포를 살펴보자. 159쪽의 그림에서 각각의 점은 거리와 위치를 정확하게 측정한 은하를 나타낸다. 우주에서 은

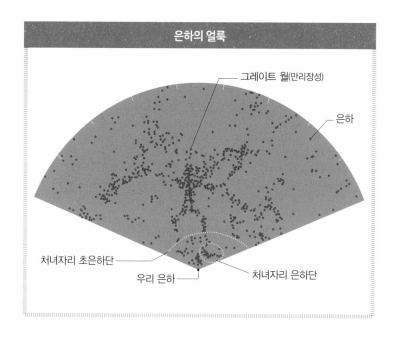

은하의 얼룩

그레이트 월(만리장성)

은하

처녀자리 초은하단

우리 은하

처녀자리 은하단

하의 분포는 한쪽으로 매우 치우쳐 있으며 이런 특징적인 은하 분포는 우주의 거대구조, 또는 거품구조라고 불린다. 어떻게 이런 얼룩이 생기는 것일까? 그것은 중력이 우주를 지배한다는 것을 나타낸다.

우주는 은하로 이루어져 있다고 말했는데 이는 어디까지나 겉보기상의 이야기다. 우주에는 눈에 보이지 않는 암흑 물질이 눈에 보이는 은하의 10배나 존재한다. 암흑 물질이란 정체불명의 중력원이다. 중력은 인력과 같으므로 주위의 물질을 힘껏 모으려고 한다.

우주 초기에도 암흑 물질이 활약하여 우주의 이쪽저쪽에서 수소 원자를 끌어당겨 훨씬 더 빠르게 커다란 덩어리를 형성했다. 거기서 순차적으로 별이 만들어지고 초기의 작은 은하가 형성되었다고 생각할 수 있다.

그 후 은하끼리 서로 끌어당겨 처음에는 균등한 거리를 유지하며 분포했던 은하가 점점 무리를 지어 은하군(수십 개 이하의 은하집단), 은하단(1천만 광년 이내의 범위에 있는 수천 개 정도의 은하), 초은하단(여러 은하단의 모임으로 크기는 수억 광년)이라는 계층을 만들어 현재 우주에서는 고르지 않은 은하 분포를 이룬 듯하다.

우리가 살고 있는 태양계는 우리은하에 포함되어 있다. 우리은하는 그 주위에 대마젤란운, 소마젤란운과 같은 소규모 은하를 거느리며 안드로메다은하(M31)나 삼각형자리의 나선은하(M33) 등과 함께 국부은하군이라고 불리는 수십 개의 은하군을 형성한다. 국부은하군이 있는 것은 처녀자리 은하단에서 벗어난 곳이며 처녀자리 초은하단의 일원이기도 하다. 159쪽 그림의 가운데 부근에 양옆으로 이어지는 은하 집단은 그레이트 월(Great Wall, 만리장성)이라고 불린다.

우주의 거대구조는 암흑 에너지의 힘으로 점점 서로의 거리가 멀어지면서 계속 팽창하고 있다.

행성에서
제외된 별

 플루토와 디즈니

예전에는 태양계의 행성을 그 위치 순서대로 '수금지화목토천
해명'이라고 외우곤 했다. 그중 명왕성은 1930년에 미국 애리조
나주에 있는 로웰 천문대의 기사 클라이드 톰보(Clyde Tombaugh,
1906~1997)가 발견한 천체이며 2006년까지는 제9의 행성으로 분
류되었다.

명왕성의 지름은 2,370킬로미터로 달보다도 작고 지구 지름
의 20퍼센트 정도 되는 소형 얼음 천체다. 표면 온도가 영하
233도로 태양계의 아득히 먼 저편에 위치하는 극한의 천체이며

태양 주위를 248년에 걸쳐서 공전한다. 지구가 태양을 천 바퀴 도는 동안 고작 네 바퀴를 돌 정도로 속도가 느리다.

명왕성은 매우 어둡고 움직임도 느린 탓에 지구에서는 주의 깊게 관측해야 찾을 수 있다. 클라이드 톰보는 하늘의 어떤 부분을 촬영하고 그로부터 일주일 뒤에 똑같은 곳을 촬영했다. 그리고 두 천체 사진을 비교해봤더니 별자리의 별들 사이를 아주 조금 이동한 희미한 점을 발견했다. 그것이 멀리 태양계 저편을 도는 미지의 행성이었다.

명왕성은 영어로 플루토(Pluto)라고 하며 저승의 신(하데스)을 뜻한다. 이 이름은 영국의 열한 살짜리 소녀가 제안한 것이었다. 또한 월트 디즈니가 미키 마우스의 애견 캐릭터에게 플루토라는 이름을 붙인 것은 1930년에 막 발견된 이 명왕성을 기념하기 위해서라고 한다.

18세기에 천왕성을 발견한 사람은 영국인이었고, 19세기에 해왕성 발견에 기여한 사람은 프랑스인과 영국인과 독일인이었다. 따라서 20세기에 미국인이 발견한 제9행성 명왕성은 미국인의 자랑거리기도 했다.

행성의 정의는?

그런데 2006년 8월, 체코 프라하에서 개최된 국제천문연맹(IAU) 총회에서 이 모임에 참가한 천문학자 전원의 투표로 그때까지 태양계의 제9행성으로 명명해왔던 명왕성을 행성으로 부르지 않기로 결정했다.

도대체 명왕성은 왜 행성에서 제외된 것일까? 명왕성 자체가 사라지거나 변화한 것도 아니었다. 다만, IAU 총회에서 그때까지 애매하게 통용되던 행성에 대한 정의를 처음으로 분명하게 확정해서다.

그 정의에 따르면 행성은 다음의 세 조건이 전부 들어맞는 천체라고 규정했다.

첫째, 항성(태양) 주위를 공전해야 한다.
둘째, 자기 중력의 영향으로 구형의 형태를 유지해야 한다(일정 질량 이상이어야 한다).
셋째, 그 궤도상에 위성을 제외하고 다른 천체가 없어야 한다.

명왕성 주위에는 2003년에 발견된 에리스 외에 하우메아(Haumea), 마케마케(Makemake) 등을 포함하는 태양계 외연 천체가 몇 개나 존재해서 셋째의 조건을 충족하지 못한다. 행성의 정의상

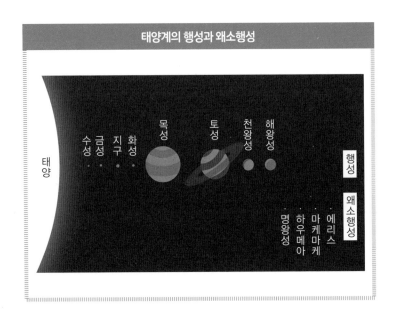

태양계의 행성과 왜소행성

첫째와 둘째 조건은 충족하고 셋째 조건을 충족하지 못하는 천체는 '왜소행성'이라고 부르게 되었다. 이에 따라 태양계의 경우에는 수성부터 해왕성까지가 행성이고, 그보다 바깥쪽에 있는 천체 중 명왕성과 같은 둥근 천체들은 특별히 '명왕성형 천체'라고 불리게 되었다.

현재 명왕성형 천체(태양계 외연에 있는 왜소행성)로 분류되는 것은 명왕성과 그 바깥쪽에 위치하는 하우메아, 마케마케, 에리스뿐이지만 앞으로 늘어날 것이 분명하다.

해왕성 바깥쪽에 위치하는 태양계의 끝인 오르트 구름까지에는 소행성들이 거의 원반 모양으로 펼쳐져 있다고 생각할 수 있다. 이 영역을 주장한 두 사람의 이름을 따서 '카이퍼 에지워스 벨트', 또는 '카이퍼 벨트'라고 부른다(133쪽 참조). 이 영역에서는 이미 1,600개가 넘는 소행성이 발견되었다.

 ## 뉴호라이즌스 호가 찍은 명왕성

미국인 중에는 지금도 명왕성이 행성이라고 주장하는 사람들이 있다. 2006년에 열린 IAU 총회, 즉 명왕성이 행성에서 제외되기 7개월 전에 미국의 과학자들은 탐사선 뉴호라이즌스(New Horizons)를 명왕성으로 발사했다. 이 탐사선에는 클라이드 톰보의 유해도 실렸다.

뉴호라이즌스는 9년 반의 긴 비행을 마치고 2015년 7월 14일에 명왕성에 가장 가깝게 접근했다. 뉴호라이즌스가 명왕성에 접근한 것도 미국에서는 큰 화제에 올랐다. 뉴호라이즌스에는 카메라 두 대를 포함한 관측기기 일곱 대 탑재되어 있었고 무게는 약 500킬로그램이었다. 이 미션의 총 경비는 약 7억 달러(한화로 약 7,942억 원)였다.

뉴호라이즌스가 전송한 사진을 보고 놀란 것은 명왕성의 표면이 예상과 달리 매우 최근에 생긴 것으로 보이는 평평한 지형과 빙하 지형, 지구의 해안선과 같은 지형 등 마치 지구의 표면처럼 다양하다는 점이었다. 크레이터투성이의 달처럼 오래된 지형이 아니었던 것이다. 높이 3,500미터의 산도 발견되었다. 왜 명왕성의 표면이 이렇게 최근에 형성되었다고 생각될 정도로 다양한 모양의 지표인지 그 이유는 잘 모른다.

뉴호라이즌스는 '새로운 지평선'이라는 뜻의 복수형이다. 그 탐사선 이름에는 명왕성을 자세히 조사한 후 가능하면 다른 태양계 외연 천체도 관측하고자 하는 바람이 담겨 있다.

앞으로 뉴호라이즌스는 2019년 무렵에 카이퍼 벨트에 위치하는 '2014MU69' 부근을 통과해서 이 천체를 촬영할 가능성이 있다. 2014MU69는 2015년에 발견된 소행성 중 하나인데 지구에서는 대형 망원경을 사용해도 아주 작은 점으로만 보인다.

뉴호라이즌스는 어떤 천체의 맨얼굴을 촬영해줄까? 촬영에 성공하면 분명 지구에서 가장 먼 소행성 탐사 기록을 세우게 되는 셈이다. 뉴호라이즌스는 그 후 파이오니아 11호, 12호나 보이저 1호, 2호와 마찬가지로 태양계를 벗어나는 궤도를 그리며 먼 우주로 여행을 떠날 것이다.

천체망원경을
가장 먼저 사용한 사람은
갈릴레오가 아니다?

무명의 천문학자가 존재했다

천체망원경을 최초로 사용한 사람은 누구일까? 대부분의 책에
는 이탈리아의 대과학자 갈릴레오 갈릴레이의 이름이 기록되어
있다. 지금으로부터 약 400년 전인 1609년 11월 30일, 갈릴레오
갈릴레이가 직접 만든 망원경으로 달을 관찰한 것이 기록에 남
아 있다.

이 기록으로 오랫동안 갈릴레오가 천체망원경을 가장 먼저
사용한 인물로 믿어왔는데, 사실은 그보다 전에 망원경을 사용
한 기록이 남아 있었다. 영국의 무명 천문학자 토마스 해리엇이

1609년 6월 26일에 천체망원경으로 달을 보며 스케치를 했다는 사실이 밝혀졌다.

매우 유감스럽게도 토마스 해리엇은 천체망원경을 사용한 관찰 기록을 포함하여 그 대부분의 연구를 기록으로 남기지 않았다. 글쓰기를 싫어하는 사람이었을지도 모르겠다.

한편 갈릴레오의 위대한 점은 대단한 관찰력과 통찰력, 고도의 물건 제작 기술에 더해 그 대부분을 기록으로 남겼다는 점이다.

또한 갈릴레오는 당시 학자들에게는 상식이었던 라틴어로 책을 쓰지 않고 대부분의 책을 시민들도 읽을 수 있도록 이탈리아어로 썼다. 이것이 그를 세계 최초의 사이언스 커뮤니케이터라고 부르는 이유다.

토마스 해리엇
(Thomas Harriot, 1560?~1621)

 두 사람의 달 스케치

2013년 가을, 코페르니쿠스가 활약한 도시인 폴란드의 바르샤바를 방문했을 때 바르샤바대학교 주변에 있는 헌책방에서 나

토마스 해리엇이 그린 달과 갈릴레오가 그린 달

해리엇의 스케치

갈릴레오의 스케치

비슷한 부분도 있을까?

는 어떤 책을 발견했다. 폴란드에서 1976년에 출판된『STUDIA COPERNICANA XⅥ』라는 학술서인데 그중 한 논문에 1609년에 토마스 해리엇이 그린 달 스케치가 실려 있었다.

갈릴레오의 스케치와 비교해보면 과연 천체망원경의 성능이나 스케치 실력에 차이가 있는 것처럼 느껴지지만 역사적인 사실로서 소개해두겠다.

갈릴레오의 공적

천체망원경을 이용한 선구자로서 갈릴레오의 이름만 후세에 널리 알려진 이유가 짐작되는 것이 몇 가지 더 있다.

갈릴레오는 파도바대학교 교수였던 1608년에 네덜란드에서 망원경이 제작되었다는 말을 듣자마자 그 자리에서 자신도 망원경을 제작하여 1609년에는 천체 관측을 시작했다.

그가 천체 관측을 본격적으로 실시한 것은 1609년 말부터이며 달의 관측 기록은 1609년 11월 30일에 시작되었다. 또 갈릴레오가 저서 『시데레우스 눈치우스(Sidereus Nuncius)』(별의 소식, 별의 전령이라는 뜻으로 한국에서는 『갈릴레오가 들려주는 별이야기』라는 제목으로 출간되었다-옮긴이)나 그 후의 관측을 통해 밝혀낸 주요 사실은 다음과 같다.

첫째, 달 표면에는 울퉁불퉁한 부분이 있으며, 우주에는 육안
으로 볼 수 있는 항성 외에도 무수한 항성이 존재한다.

둘째, 목성에는 그 주위를 회전하는 네 개의 별(그는 행성이라고
표현했지만 사실은 위성을 발견했다. 지금은 이 네 개의 위성이
갈릴레오 위성으로 불린다)이 있다.

셋째, 금성도 달처럼 차고 이지러지며 그 지름이 변화한다.

그밖에도 갈릴레오는 은하수가 무수히 많은 항성의 모임이며
흑점은 태양 표면의 현상이라는 것도 최초로 발견했다.

 위대한 천문학자

갈릴레오는 대물렌즈에 볼록렌즈, 접안렌즈에 오목렌즈를 사
용해 '갈릴레오식 망원경'이라고 불리는 광학계 망원경을 제작
했다. 그가 생애에 제작한 망원경은 100대 가까이 된다고 한다.
갈릴레오의 광학계 망원경은 초점 거리가 긴 것이 특징이며 현
재는 천체 관측용으로 쓰이지 않는다.

일반적으로는 같은 시기에 독일의 천문학자 요하네스 케플러
(Johannes Kepler, 1571~1630)가 고안한 대물렌즈에 볼록렌즈, 접안
렌즈에도 볼록렌즈를 사용한 '케플러식 망원경'이 쓰였다. 이 방

식이면 밝은 광학계 망원경을 만들 수 있기 때문이다.

갈릴레오의 수많은 망원경 중 현존하는 것은 이탈리아 피렌체의 갈릴레오 박물관에 소장되어 있는 망원경 두 대이며, 그중 하나는『시데레우스 눈치우스』에 기재된 다양한 발견에 쓰였다. 지름이 51밀리미터인 렌즈, 초점 거리 1,330밀리미터, 배율 14배의 망원경이었다.

나는 실제로 복원된 갈릴레오의 망원경으로 달을 관찰해보고 깜짝 놀랐다. 시야가 매우 좁고 어두웠기 때문이다. 『시데레우스 눈치우스』에 남긴 별 전체의 스케치는 망원경으로 들여다 볼 수 있는 시야를 조금씩 움직이며 시간을 들여서 정성껏 그린 것이었다.

『시데레우스 눈치우스』를 다시 읽어보면 갈릴레오의 대단한 능력에 새삼 깜짝 놀라게 된다. 현재 앞장서서 활약하는 프로 천문학자들과 비교해봐도 이토록 깊은 통찰력으로 무장한 천문학자는 좀처럼 찾아볼 수 없을 것이다.

중력파로
우주 탄생의 비밀에
다가간다

 ## 놀라운 중력파 관측

지금으로부터 13억 년 전 머나먼 우주에서 두 개의 블랙홀이 합체하여 그때 엄청난 에너지가 탄생했다. 이 에너지는 중력파가 되어 2015년 9월 14일에 지구상에 도착했다.

블랙홀이 생겨나거나 블랙홀끼리 합체할 때는 큰 에너지가 발생하여 중력파가 방출된다는 것은 일찍이 예측된 내용이었다. 이밖에도 우주가 탄생한 순간, 무거운 항성의 최후인 '초신성 폭발'의 순간, 중성자별끼리의 합체 등 중력이 격변하는 특별한 사건이 일어나면 그것은 우주 공간 자체를 일그러뜨린다.

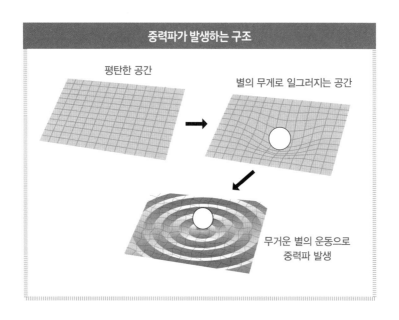

중력파가 발생하는 구조

평탄한 공간

별의 무게로 일그러지는 공간

무거운 별의 운동으로
중력파 발생

공간이 일그러지면 마치 지하를 통과하는 지진파처럼 우주 공간에 전해진다. 이것이 '중력파'다. 중력파의 존재는 아인슈타인이 일반 상대성이론을 통해 예측했다. 사실 여러분이 팔을 빙글빙글 돌려도 중력파가 발생하지만 중력파의 진폭이 너무 작아서 검출할 수 없다.

아인슈타인이 예측한 지 100년 후인 2015년, 인류는 드디어 중력파를 직접 검출하는 데 성공했다. 미국의 중력파 망원경 라이고(LIGO)를 이용한 중력파 관측에 관여한 연구자는 대략 1,000명이 넘는다. 중력파를 검출한 후 5개월에 걸쳐서 면밀한

데이터 확인과 재계산을 실시하여 2016년 2월에 발표했다. 당시 전 세계 사람들이 깜짝 놀랐다.

우주는 어떻게 탄생했을까?

중력파는 아주 작은 공간의 변형이다. 중력파가 우주 공간을 이동할 때 남북 방향과 동서 방향처럼 수직으로 교차하는 쪽 공간의 길이가 미묘하게 달라진다. 중력파는 그 차이를 측정하여 검출한다.

그러기 위해서는 사람이나 기계가 만들어내는 인공적인 진동과 지면이 늘어나고 줄어드는 자연적인 현상을 피해 매우 긴 거리에서 공간의 늘어남과 줄어듦을 정확히 측정해야 한다.

중력파가 지구에 도달하면 그 뒤틀린 시공의 영향을 받아서 측정한 두 점 사이의 거리가 변화한다. 그 변화량은 블랙홀이 합체할 때 태양과 지구 정도의 거리(1천문단위=약 1억 5,000킬로미터)를 측정해서 수소 원자 1개 분량의 길이 차이를 검출할 정도로 매우 적다. 수소 원자 1개의 폭은 0.0000000001미터이므로 얼마나 정밀하게 측정하는지 상상할 수 있는가?

대형 저온 중력파 망원경 카구라(KAGRA)는 2015년 도쿄대학교 우주선연구소가 중심이 되고 고에너지가속기 연구기구와 일

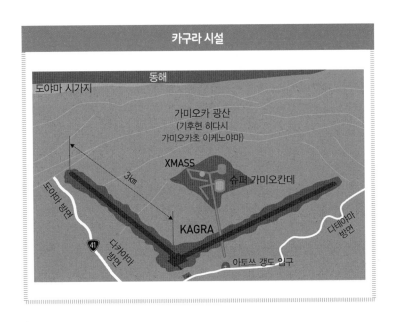

카구라 시설

동해
도야마 시가지
가미오카 광산
(기후현 히다시
가미오카초 이케노야마)
XMASS
슈퍼 가미오칸데
3km
도야마 방면
KAGRA
다테야마 방면
41
다카야마 방면
아토쓰 갱도 입구

본 국립천문대가 협력해서 슈퍼 가미오칸데 근처에 건설했다. 지름 3킬로미터의 L자형 터널 속에 진공관을 통과시켜서 L자의 중심에서 위치 측적용 레이저광선을 3킬로미터 끝까지 동시에 쏜다. 그곳에서 반사되어 돌아오는 빛을 여러 번 왕복시킨 후 도착 시간의 차이에서 중력파를 검출하는 시스템이다.

카구라는 2017년부터 본격적으로 운용되고 있다. 감지 능력은 미국의 중력파 관측 시설 라이고나 유럽의 중력 망원경 버고 (VIRGO)보다 더 높고 블랙홀 합체는 2~3개월에 한 번 정도 검출할 수 있을 것으로 기대되고 있다. 한편 중성자별끼리의 합체는 훨씬 더 많이 검출할 수 있을 것으로 예측된다. 현재 우리가 사는 우리은하에서 존재가 확인된 블랙홀은 수십 개 정도이지만 중성자별은 수백 개나 된다. 중성자끼리의 합체는 매달 한 개 정도 검출할 수 있지 않을까 기대된다.

중력파 방출은 중성자별이나 블랙홀이 합체하는 순간에만 일어나는 것이 아니다. 138억 년 전 우주가 탄생할 때 이론적으로 인플레이션이라는 현상이 일어났다고 여겨진다. 하지만 아직 관측상의 증거는 찾지 못했다.

인플레이션일 때도 거대한 중력파가 발생했을 것이다. 거리가 138억 광년 떨어진 먼 곳의 현상이므로 고감도 관측이 필요한데 이때의 중력파가 검출되었다면 힉스 입자의 발견에 필적하는 쾌거가 된다.

인플레이션 이론을 주장한 사람 중에 일본의 천문학자인 사토 가쓰히코(佐藤勝彦) 박사가 있다. 인플레이션 관측을 통해 중력파 검출이 확인되면 사토 박사는 분명 노벨 물리학상을 수상할 것이다.

 ## 중력파를 검출하는 방법

라이고나 카구라 같은 현재의 중력파 망원경은 레이저 간섭계

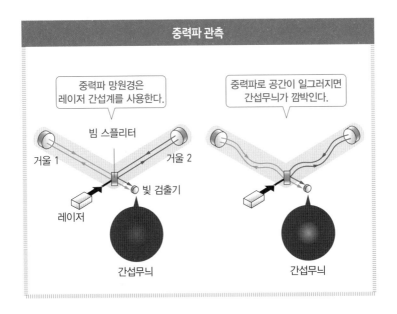

중력파 관측

중력파 망원경은
레이저 간섭계를 사용한다.

중력파로 공간이 일그러지면
간섭무늬가 깜박인다.

빔 스플리터

거울 1

거울 2

빛 검출기

레이저

간섭무늬

간섭무늬

를 이용한 거리의 변화를 측정하는 정밀 측정 장치다. 레이저 간섭계란 하나의 레이저 광원에서 나오는 빛을 직진하는 두 개의 빛으로 먼저 나누고 먼 곳에 놓은 거울로 반사해서 돌아온 빛의 도달 시간을 10의 마이너스 19제곱미터라는 정밀도로 측정하는 방법이다.

앞에서 설명했듯이 중력파가 도달하면 공간이 일그러지기 때문에 측정 지점에 놓은 검출기에서 변화를 일으킨다. 이 짧은 시간의 차이를 측정하는 장치가 간섭계이며, 간섭무늬의 변화로 얼마 안 되는 시간차를 분별해낼 수 있는 기적의 도구다.

블랙홀에서 보내는 신호

모든 것을 삼키는 블랙홀. 빛도 예외가 아니다. 이번에 확인된 중력파는 지구에서 13억 광년이나 떨어진 장소에서 발생한 듯하다. 그곳에서는 태양 질량의 20배와 36배라는 매우 무거운 블랙홀끼리 합체하여 태양 질량의 60배가 넘는 무게의 새로운 블랙홀이 생겼다고 추측할 수 있다.

합체 순간 0.1초 정도 사이에 태양 세 개 정도의 수소를 폭발시킨 막대한 에너지가 블랙홀에서 방출되어 중력파를 발생시켰다. 이렇게 해서 인류는 처음으로 블랙홀 자체에서 보낸 신호를 입수했다.

중력파의 첫 관측은 이야기의 끝이 아니라 시작이고 중력파 천문학의 탄생을 의미한다. 이번 관측에 성공한 라이고만으로는 중력파의 발생원을 정확히 알 수 없다. 유럽의 버고와 일본의 카구라라는 새로운 중력파 망원경이 라이고와 협력해야 간신히 알아낼 수 있다.

카구라 프로젝트의 책임자는 도쿄대학교 우주선연구소의 가지타 다카아키(梶田隆章) 소장이다. 가지타 교수는 일본 기후현 가미오카 광산 지하에 있는 슈퍼 가미오칸데를 통해 뉴트리노(중성미자)에 질량이 있다는 것을 밝혀서 2015년에 노벨물리학상을 수상했다.

지금까지 전 세계의 연구자들이 누구보다 더 빨리 중력파를 검출하려고 시도해왔다. 일본 국립천문대 미타카 캠퍼스 구내에 있는 TAMA 300이라고 불리는 중력파 검출기(중력파 망원경)도 그중 하나다.

지금도
우주에서
중력파가
몰려오고 있어.

별자리는 언제, 어디에서 만들어졌을까?

가장 오래된 학문, 천문학

천문학은 모든 학문의 시초라고 한다. 5,000년 전 메소포타미아 지방에서 만들어진 석기나 벽화에는 이미 사자자리나 게자리 등의 별자리가 그려져 있었다. 같은 시기에 이집트나 중국 등 세계 각국에서 문명의 발상과 함께 별자리가 만들어졌다고 한다.

당시 인류는 대부분 수렵 민족이거나 유목 민족이었으므로 계절에 맞춰서 생활 거점을 이동해야 했다. 즉, 여행이 일상생활이었다. 그래서 낮에는 태양을 이용하고 밤에는 별자리를 단서로 삼아 방위나 지구상의 위도, 경도를 알아야 했다. 북극성을 기억하면 북쪽을 알 수 있으므로 북극성을 나타내는 북쪽의 별자리 모습을 어릴 때부터 배운 것이다.

농경문화가 시작되자 씨를 뿌리고 수확하는 시기를 알 수 있는 연간 달력이 반드시 필요해졌다. 또 교역이 시작되면서 교역 상대와의 약속을 위해 시간과 장소 등을 정해야 했다. 이처럼 사회가 발전할수록 자신이 사는 곳의 방위, 계절, 시각을 알려 주는 밤하늘의 별자리는 삶에서 빼놓을 수 없는 존재가 되었다.

현재 학술적으로는 전 세계에서 통일된 88개의 별자리가 쓰이고 있는데, 그 별자리의 원형은 메소포타미아와 이집트, 고대 그리스 시대의 것이다.

예를 들어 2세기에 고대 로마의 천문학자 프톨레마이오스(83?~168?, 영어명은 톨레미)는 천동설의 체계를 정리해서 톨레미의 48개 별자리를 정했다. 사자자리, 게자리, 전갈자리 등 황도 12궁과 오리온자리나 큰곰자리 등 지금도 친숙한 별자리들이 대부분 포함되어 있다.

그 후 15세기 대항해 시대가 되자 그전까지 몰랐던 남반구의 별하늘을 유럽 사람들이 알게 되면서 처음으로 남쪽 하늘의 별자리가 새로 추가되었다. 망원경자리와 현미경자리처럼 도구를 적용시킨 별자리, 큰부리새자리와 극락조자리처럼 진귀한 새 이름을 붙인 별자리, 황새치자리와 날치자리처럼 물고기의 이름을 붙인 별자리 등 다양한 별자리가 남쪽 천구에 더해졌다.

세계 각지의 별자리

과거의 별자리는 영역이 중복되거나 각 지역마다 부르는 이름이 다르다는 문제가 있었다. 이런 혼란을 해결하기 위해서 1930년 국제천문연맹(IAU)이 현재 사용되고 있는 88개의 별자리를 확정했다. 이때 별자리끼리의 경계선도 명확하게 정해져서 별자리의 총수를 88개로 지정했다. 즉, 별자리를 이용해서 하늘 전체에 구획을 정한 것이다.

88개의 학술적인 별자리 이름과는 별개로 전 세계 나라들과 지역에서 옛날부터 불려온 지역 고유의 별자리가 많이 있다. 큰곰자리와 북두칠성의 관계가 바로 그런 예다.

별자리나 별의 이름이 지역이나 민족마다 다른 이유는 각 나라의 말이 다른 것과 마찬가지 이유다. 별자리가 그만큼 일상생활과 밀접한 관계에 있었으며 반드시 필요한 존재였다는 증거다. 고대 그리스인이나 북아메리카 인디언은 북두칠성의 모습을 보고 큰 곰의 허리에서 꼬리에 걸친 모습을 연상했다. 그들은 주변의 별들까지 포함해 거대한 곰의 형태를 북쪽 하늘에 만들어냈다.

한편 일부 중국 민족들은 똑같은 북두칠성의 모습을 보고 고귀한 신분의 사람들이 타는 수레를 연상했으며, 일본인은 큰 국자를 연상했다. 지역에 따라서는 아기돼지 일곱 마리를 연상한 곳도 있다고 한다.

카시오페이아자리는 북두칠성과 나란히 북쪽 하늘에서 두드러지는 별자리다. 일본에서는 카시오페이아자리를 '산 모양의 별', 또는 '닻 모양의 별'이라는 뜻의 일본 고유의 이름으로 불러 친숙함을 표현했다. 서양에서는 W자 모양을 보고 의자에 앉은 고대 에티오피아 왕비인 카시오페이아의 모습을 연상해 그렇게 불렀다.

또한 일본에서는 전갈자리를 '낚시질 별'이라는 뜻의 일본 고유의 이름으로 부르는 지역도 많다. 큰 S자형 모양으로 물고기를 낚아 올리는 낚싯바늘처럼 생겼다고 해서 그렇게 불렀던 것이다.

해외의 사례 중에는 남미 잉카 문명의 별자리가 흥미롭다. 별이 너무나도 많아서 별들을 선으로 연결할 수 없었던 잉카인들은 별이 아니라 은하수 곳곳에 보이는 암흑 띠에 이름을 붙였다고 한다. 잉카 지역은 지대가 높고 공기가 맑아서 해발이 낮은 다른 지역보다 훨씬 더 많은 별을 볼 수 있다. 또 남반구에 위치해서 은하수의 중심에 있는 궁수자리나 전갈자리가 하늘 높이

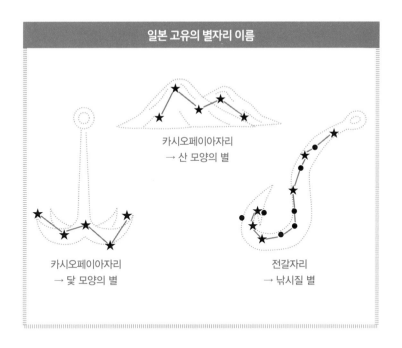

일본 고유의 별자리 이름

카시오페이아자리
→ 산 모양의 별

카시오페이아자리
→ 닻 모양의 별

전갈자리
→ 낚시질 별

머리 위를 통과한다.

은하수의 밝기가 압도적이라 잉카인들에게는 주위의 별들을 선으로 연결해서 기억할 필요가 없었을 것이다. 은하수가 어느 방향에서 어떻게 보이느냐에 따라 계절과 시각, 방위뿐만 아니라 자신이 있는 곳의 위도 및 경도를 확인할 수 있었다.

암흑 띠란 먼지나 가스가 많아서 그 뒤에 있는 별이 가려진 지대를 말한다. 각 암흑 띠의 실루엣에 따라 큰라마자리, 작은 라마자리, 늑대자리, 뱀자리, 메추라기자리라는 별자리가 있었다는 전승이 남아 있다.

현대인도 고대인들에게 뒤지지 않도록 상상의 날개를 펼쳐 자신만의 별자리를 만들어보면 어떨까? 나 역시 큰곰자리, 작은곰자리를 볼 때마다 꼬리가 길어서 곰을 연상하기 어려운 탓에 내 나름대로 큰 어미 코끼리와 아기 코끼리를 하늘에 적용해서 어미코끼리자리, 아기코끼리자리라고 부르기도 한다.

 ## 별자리표 기호 이야기

상세한 별자리표를 보면 별자리 이름 옆에 낯선 기호가 나란히 그려져 있는 경우가 있다. 예를 들어 α(알파), β(베타), γ(감마), δ(델타) 등의 기호다. 이 기호들은 로마자라고 불리는 문자열이다.

88개 별자리에는 기본적으로 별자리 내에 밝은 별부터 알파, 베타, 감마 순으로 번호가 매겨져 있다. 베텔게우스의 경우에는 천체도나 항성표에 'αOri'라고 기재되어 있다. 이는 '오리온자리의 알파별'이라는 의미로 Ori라는 표기법을 별자리의 생략부호라고 한다.

별자리 이름의 첫 세 글자로 88개 별자리가 전부 기호화되어 있다. 또한 밝은 별이나 특징적으로 눈에 띄는 별에는 시리우스, 카펠라, 알골(Algol) 등처럼 고유 이름을 붙이기도 한다.

블랙홀의 무게를
재는 법

블랙홀의 정체

블랙홀이라고 하면 여러분은 어떤 느낌이 드는가? 하늘에 뚫린 거대한 구멍이 떠오르는가? 2차원으로 이어지는 수수께끼 터널이 떠오르는가? 우주에 관해 강연할 때 '블랙홀이 뭔가요?'라는 질문을 가장 많이 받는다(참고로 내 강연회에서는 '우주에는 끝이 있나요?', '외계인이 존재하나요?'가 그 다음으로 많이 받는 질문이다).

블랙홀은 결코 SF 세계에만 있는 이야기가 아니다. 실제로 그 존재가 확인된 분명한 천체의 일종이다. 거대한 항성이 최후를 맞이할 때 자신의 중력을 더 이상 지탱하지 못해서 갑자기 그 중심에 생기는 시공의 구멍이 바로 블랙홀의 정체다.

블랙홀에 대해 이해하기 위해서는 좀 더 상상의 날개를 펼쳐야 한다. 지금 지구상에서 먼 곳을 향해 공을 던졌다고 가정하자. 힘껏 던지면 그만큼 공이 멀리까지 날아간다. 만약에 킹콩이나 슈퍼맨처럼 힘 센 존재가 공을 힘껏 던졌다면 공은 지면에 떨어지지 않고 지구를 돌기 시작할지도 모른다. 이때의 속도는 초속 7.9킬로미터이며 '제1우주속도(인공위성 속도)'라고 한다. 지구를 도는 인공위성을 발사할 때 필요한 속도다.

공을 다시 힘껏 보내면 이번에는 지구의 중력권을 벗어나 태양 주위를 돌기 시작한다. 이 속도가 초속 약 11.2킬로미터이며, '제2우주속도(지구탈출 속도)'라고 한다. 제2우주속도란 하야부사 2호나 아카쓰키 등 태양계를 비행하는 탐사선을 발사할 때 필요한 속도다.

또한 공이 태양계에서 뛰쳐나오려면 초속 16.7킬로미터의 속도가 필요하며 이를 '제3우주속도'라고 부른다. 제3우주속도란 뉴호라이즌스나 보이저 등의 탐사선이 태양계를 탈출하는 데 필요한 속도인데, 실제로 이 속도는 우주선을 발사할 때 얻기 어려워서 일반적으로 도중에 행성의 중력을 이용하여 가속하는 스윙바이라는 항법으로 가속한다.

그럼 지구보다 더 무거운 별 위에서 똑같이 공을 던지면 어떻게 될까? 별의 중량이 크면 별이 끌어당기는 힘도 커지므로 공을 방출하려면 속도가 좀 더 필요해진다. 공이 튕겨져 나가는 데 필요한 속도를 주려면 그에 적합한 에너지가 필요하다. 즉, 공이 무거울수록 더 많은 에너지가 필요해진다.

그렇다면 공이 아니라 빛의 경우에는 어떻게 될까? 빛은 질량이 0이므로 지표에서 아무런 힘을 들이지 않고도 우주 공간으로 직진한다. 또 우주에는 별의 중량이 엄청나게 커서 빛도 탈출할 수 없는 곳이 있다. 이것이 블랙홀이다. 블랙홀의 중심은 이른바 특이점에 가까운 상태다. 상대성이론에 따르면 특이점에서는 질량이 무한대가 되고 중력도 무한대가 된다고 예측된다. 따라서 초속 30만 킬로미터의 빛(전자파)도 그곳에서 탈출할 수 없다. 즉, 블랙홀은 외부에서 볼 수 없는 천체다.

 블랙홀이 되는 별

블랙홀은 어떻게 생길까? 블랙홀을 볼 수는 없지만 그 움직임을 살짝 엿볼 수는 있다. 블랙홀 중에는 짝을 이루는 별(쌍성)을 지닌 것이 있다.

그러면 그 별에서 방출하는 가스가 블랙홀에 끌려들어가 압축된다. 압축된 가스는 블랙홀 주위에서 강력한 X선을 방출한

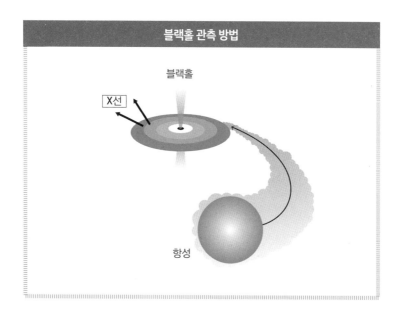

블랙홀 관측 방법

블랙홀

X선

항성

다. 백조자리 X-1이라고 불리는 쌍성은 그렇게 해서 보이는 대표적인 블랙홀이다.

밤하늘에 빛나는 항성은 중심부에서 수소가 핵융합반응을 일으켜 밝게 빛난다. 태양도 마찬가지다. 항성 중에서도 질량이 큰 별일수록 연료 소비가 많아서 수소를 빨리 연소시킨다.

태양은 질량이 가벼운 별이므로 수소가 완전히 연소된 후에는 중심부에 탄소와 산소로 이루어진 고온의 심(코어)만 남는다.

한편 태양의 약 10배가 넘는 질량을 가진 별의 경우에는 초신성 폭발이라는 화려한 최후를 맞이한다. 그리고 그 잔해 속에 중성자별이나 블랙홀이 남는 경우가 있다. 계산 방법에 따라서도 달라지는데, 태양의 약 30배가 넘는 질량의 별이 곧 블랙홀이 된다고 예측되고 있다.

지구가 위치하고 있는 우리은하(은하계) 중심에는 태양의 400만 배나 되는 질량을 가진 초거대 블랙홀이 있다는 사실이 밝혀졌다. 모든 은하의 중심에 초거대 블랙홀이 존재하는 것은 아니다. 하지만 수많은 은하의 중심, 특히 질량이 큰 은하일수록 초거대 블랙홀이 존재할 확률이 높다.

 ## 블랙홀 연구의 최전선

1995년 일본 국립천문대에서는 노베야마 우주전파관측소의 45미터짜리 전파망원경으로 사냥개자리의 은하 M106 중심에서 초거대 블랙홀을 발견했다. 무려 태양의 3,900만 배나 되는 질량을 가졌다.

블랙홀을 에워싸는 가스 원반이 내보내는 전파가 원반이 정지한 경우와 다르며 지구에서 봤을 때 접근하는 부분과 멀어지는 부분이 있어 전파 휘선(輝線, 발광 조건에 따라 밝기가 변하는 단색광–옮긴이)의 커다란 도플러 효과가 관측되었다. 케플러의 법칙을 이용하면 중심에 있는 블랙홀의 질량을 구할 수 있다.

활동적인 은하나 퀘이사(quasar)라고 불리는 먼 은하의 밝은 중심핵에도 초거대 블랙홀이 존재한다. 블랙홀에는 백조자리 X-1처럼 무거운 별의 최후에 만들어지는 보통 크기의 블랙홀, 은하 중심에 있는 태양 질량의 몇 백만에서 몇 억만 배인 초거대 블랙홀, 중간 크기의 거대 블랙홀이 발견되었다. 초거대 질량의 블랙홀이나 중간 질량의 블랙홀이 형성되는 구조는 아직까지 해명되지 않았다.

일본의 슈퍼컴퓨터인 '케이(京)' 등을 이용한 이론적인 시뮬레이션 연구나 X선 천문학과 전파 천문학 등 다양한 파장역(빛이나 전파 등의 파동이 미치는 범위)을 이용하여 블랙홀을 꾸준히 관측하고 있다.

 꿈의 화이트홀

블랙홀과 대조해 화이트홀이라는 이름을 들어본 적이 있는가?

모든 것을 삼켜버릴 정도로 강력한 중력원이 우주에 존재한다면 그 반대로 삼킨 것을 모두 토해내는 상태가 있을 법하지 않은가? 1960년대의 천문학자들은 그렇게 예상하며 블랙홀과 반대되는 성질이 있다는 의미에서 그것을 화이트홀이라고 불렀다. 그러나 아직까지 이 우주에서 화이트홀은 하나도 찾지 못했다.

이론적으로는 존재를 인정할 수 있어도 우리가 사는 우주에는 존재하지 않는 가공의 천체일지 모른다. 이론적으로나 관측적으로나 블랙홀 연구는 최전선의 연구 주제인 것에 비해 화이트홀을 연구 주제로 삼는 천문학자는 극히 드물다.

만약 우주에서 화이트홀을 발견했다고 한다면 그것은 블랙홀과 짝을 이루며 그 둘 사이의 틈은 시공을 초월하여 이동할 수 있는 웜홀일 수도 있다. 이렇듯 지금으로서는 이론상의 존재라고 해도 화이트홀에 대한 생각은 매우 매력적이라서 수많은 SF 소설이나 SF 영화에서 시공을 초월하여 이동하기 위한 워프(Warp) 항법을 실시하는 장소로 그려진다.

그러나 실제로는 블랙홀에 접근하는 것만으로도 우리의 몸은 강한 중력에 의해 소립자 수준까지 산산조각으로 분리될 것이다. 따라서 유감스럽게도 SF처럼 시공을 초월하는 것은 불가능하다. 블랙홀에는 웬만하면 가까이 가지 말자.

무거운 별은 블랙홀이 될지도 몰라!? 무섭지만 궁금한 존재야.

혜성으로
생명체의 기원을 찾다

혜성에서 발견된 아미노산

NASA의 혜성 탐사선 스타더스트(Stardust)는 2004년 태양을 공전하는 '와일드 2 혜성'에 240킬로미터까지 접근하여 이 위치에서 와일드 2 혜성이 방출하는 먼지 입자를 채집했다. 끈끈이 같은 구조 장치를 이용해서 탐사선에 부딪치는 먼지를 채취하여 지구로 향했다.

2년 후인 2006년, 스타더스트가 지구에 접근했을 때 이 먼지를 포함한 캡슐을 지상에 완벽하게 투하했다. 이 귀중한 먼지 입자는 최신 분석 장치로 철저히 조사했다. 또 채집한 먼지 입자에서 필수 아미노산 중 하나인 '글리신'이 발견되었다. 이 발견은 생명의 기원을 찾는 것과 관련해 당시 큰 뉴스거리였다.

인체는 단백질로 이루어져 있다. 단백질은 아미노산이 많이 결합되어야 생긴다. 단백질의 기본이 되는 분자 중 하나가 혜성에 함유되어 있다는 사실을 알았다는 것은 지구뿐만 아니라 우주 공간에도 아미노산이 있음을 의미한다.

오늘날에는 수많은 연구자들이 아미노산은 우주 공간에서 탄생하여 어떤 방법을 통해 지구에 전해졌다고 생각하고 있다.

 하야부사 2호와 소행성

한편 소행성도 생명의 탄생과 관계가 있을 수 있다. 일본의 소행선 탐사선 하야부사 2호는 그 수수께끼의 해명에 도전했다. 하야부사 2호는 2010년 6월 13일에 지구로 귀환하여 대기 속에서 다 타버린 소행성 탐사선 하야부사의 후계 탐사선으로, 2014년 가고시마현 다네가시마에 있는 JAXA 다네가시마 우주센터에서 발사되었다.

하야부사는 2003년에 발사된 후 7년 동안 약 60억 킬로미터의 비행을 마치고 지구로 돌아왔다. 지구 대기에서 다 타버린 모습이 생각나는 사람도 많을 것이다.

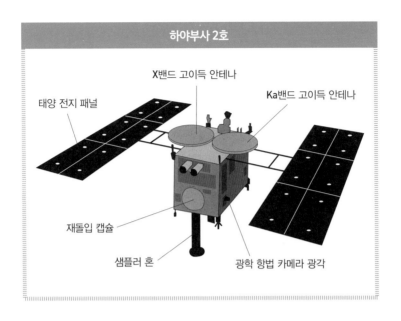

하야부사 2호

- X밴드 고이득 안테나
- Ka밴드 고이득 안테나
- 태양 전지 패널
- 재돌입 캡슐
- 샘플러 혼
- 광학 항법 카메라 광각

하야부사는 이온 엔진을 이용한 새로운 항법을 시도하며 태양계의 기원을 해명할 수 있는 단서를 얻는 것을 목적으로 소행성 이토카와의 미립자 샘플을 채집하여 돌아왔다. 하야부사 2호는 또다시 태양계의 기원 및 진화와 생명의 원재료 물질을 해명하기 위해 C형 소행성 류구에의 착륙과 샘플 리턴 미션(샘플을 채취해서 돌아오는 것)을 목표로 한다.

소행성에는 다양한 유형이 있는데 주된 것으로는 C형과 S형을 들 수 있다. 이토카와는 S형이며 모래 성분, 즉 규산화합물(실리케이트)이 주요 성분인 점이 특징이다.

하야부사 2호가 목표로 하는 C형 소행성 류구는 똑같은 암석질의 소행성이지만 S형의 이토카와와 비교해서 유기물이나 함수광물(hydrous mineral)을 많이 함유한 것으로 예상된다. 즉, 지구상의 생명체와 어떤 관계가 있을지도 모른다.

이번에 처음으로 C형 소행성의 암석을 지구에 가지고 돌아와서 분석하면 태양계 공간에 원래 있었던 유기물이 어떤 것이었는지 해명할 수 있다. 지구 같은 커다란 천체에서는 원재료가 일단 녹았기 때문에 그보다 더 옛날 정보에 도달할 수 없다. 그것의 해명을 통해 우리 지구상에 사는 생명체의 기원에 대해 단서를 얻을 수 있지 않을까 기대하고 있다.

하야부사 2호는 소행성 표면에 탄환을 발사해서 인공적으로 크레이터를 만든다. 인공적으로 만들 수 있는 크레이터는 지름이 수 미터 정도지만 충돌로 노출된 표면에서 암석 샘플을 채취하여 풍화나 열의 영향을 받지 않은 신선한 물질을 얻으려고 한다.

하야부사 2호가 류구에 도착하는 것은 2018년 중반이다(하야부사 2호는 2018년 6월 7일부터 류구에 접근해 관측을 시작했으며 25일에는 착륙에 성공했다고 한다-옮긴이). 소행성을 1년 반 정도 조사한 뒤 2019년 말 무렵에 소행성을 떠나 2020년 말 무렵에 지구로 돌아올 예정이다.

혜성에 착륙한 로제타

2004년에 유럽 우주국(ESA)이 발사한 혜성 탐사선 로제타(Rosetta) 는 1년에 걸쳐서 태양계를 비행했다. 그 후 2014년 11월에 단주 기 혜성 '추류모프 게라시멘코 혜성'의 지표에 착륙선 필레(Phi- lae)를 투하하여 인류 사상 최초로 혜성에 착륙한 탐사선이 되 었다.

추류모프 게라시멘코 혜성은 공전 주기가 6.6년이다. 이 혜성 은 두 혜성이 서서히 충돌하여 그대로 결합한 듯한 구조라서 언 뜻 보면 고무오리 같은 기묘한 모양을 하고 있다. 오리의 이마 부분이 필레의 착륙지다.

로제타의 성과로 생명의 기원은 혜성이 지구에 가져온 것이 아닐까 하는, 생명의 기원을 둘러싼 새로운 발견이 있을지도 모 른다.

스타더스트, 하야부사, 로제타, 그리고 하야부사 2호의 활약 으로 혜성과 소행성이 생명의 기원인지 아닌지 해명될 날이 점 점 다가오고 있다.

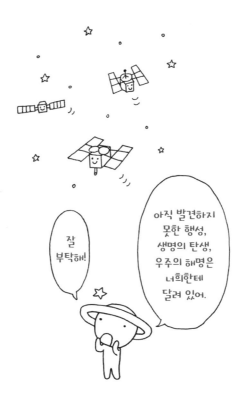

우주의 시간과
인간의 시간

 우주 달력

우주는 138억 년 전 빅뱅으로 탄생했고 그 후 급격히 팽창하기 시작하여 초거대한 크기가 되었으며 지금도 계속 팽창 중이다. 단순히 우주의 역사가 138억 년이라고 해도 너무 길어서 금방 와닿지 않는 사람도 있을 것이다. 물론 나도 그렇다.

그래서 천문학에는 '우주 달력(cosmic calendar)'이라는 독특한 달력이 있다. 138억 년이라는 우주의 역사를 달력의 1년에 비유해서 그동안의 우주와 지구에서 일어난 일을 나열한 것으로 미국의 천문학자 칼 세이건 박사가 고안했다.

빅뱅(우주 탄생)이 1월 1일 0시 0분 0초에 일어났고 현재가 12월 31일 24시 0분이라고 정하는 것이다. 우주 달력에서는 한 달이 약 11억 5,000만 년, 하루가 약 3,780만 년에 해당한다. 우리 은하가 탄생한 약 120억 년 전은 밸런타인데이인 2월 14일 즈음이고, 46억 년 전 태양계의 탄생은 8월 31일 무렵이다.

 ## 우리 인류의 탄생

우주 달력상에서는 12월 25~27일 즈음에 공룡이 쿵쿵거리며 지상을 걸어다녔던 셈인데, 27일에는 거대 운석의 충돌로 멸종하고 말았다. 또 12월 31일 저녁 8시 넘어 올해가 앞으로 4시간가량 남았을 때 우리 인류의 공통 조상이 지상에 나타났다.

게다가 우리가 문명을 보유한 이후의 시간은 매우 짧다. 인간이 90세까지 산다고 해도 이 달력에 적용해보면 0.2초에 불과하다. 인류는 우주에 비하면 비록 매우 짧은 시간을 살아가지만 대를 잇고 문화와 문명을 끊임없이 일궈왔다. 그것을 생각하면 그 짧은 순간도 대단하게 느껴진다.

유전자뿐만 아니라 각자의 인생에서 터득한 지식과 경험을 계승하는 것이야말로 인류가 지닌 대단한 능력이다.

맺음말

'사소한 일로 끙끙거려봤자 다 부질없는 짓이다.' 고민이 많거나 우울해졌을 때 별이나 우주에 관한 이야기를 들으면 그런 식으로 느끼는 사람들이 많은 모양이다.

예전에 나는 매주 목요일 저녁 일본 국립천문대가 있는 도쿄 미타카 시내의 작은 사이언스 카페에 갔었다. 그 카페는 20명 정도를 수용할 수 있는 작은 규모였는데, 그곳에서는 연구자와 시민 간의 꾸밈없는 대화가 이루어지는 이른바 편안한 분위기의 토크쇼 같은 이벤트가 열리곤 했다.

2008년 8월, 심한 뇌우가 퍼붓는 밤이었다. 그날 한 젊은 여성이 카페 구석에 조용히 앉아 있었다. 언뜻 보기에도 생기가 없어서 내가 봐도 걱정될 정도였다. 이유는 모르겠지만 살아갈 힘을 잃은 그녀가 우연히 친한 친구였던 카페 주인의 설득으로 미타카의 카페에 찾아온 모양이었다.

그날 이야기의 주제는 '138억 광년 우주여행'으로, 우리가 사는 이 우주의 구조와 크기에 관한 내용이었다. 참가자들의 질문도 끝나고 돌아가는 길에 여성은 나에게 "우주는 참 넓군요"라는 말 한 마디를 남기고 갔다.

나중에 전해들은 이야기에 따르면, 그날 사이언스 카페에서 천문 이야기를 들은 여성은 자신의 고민거리가 하찮게 느껴졌으며, 그날 이후 살아갈 기력을 조금씩 되찾았다고 한다.

천문학이나 우주는 우리가 접하기 어렵거나 멀리 떨어진 존재가 아니라 누구에게나 친근한 존재임을 느낄 수 있었다.

한편 천문학뿐 아니라 별과 우주를 즐기는 천문 문화는 발전도상국에서도 놀랄 만큼 급속하게 발달하고 있다. 남미의 콜롬비아가 가장 대표적인 예다.

콜롬비아에 메데인이라는 도시가 있다. 대부분의 사람들에게 생소한 이 도시는 「월스트리트저널」에서 2013년 '가장 혁신적인 도시 1위'로 선정되었다. 도시 조성의 중심 테마 중 하나가 미술, 음악, 스포츠와 함께 과학의 한 분야인 천문학이었다. 그 상징으로 지어진 과학관, 천체 투영관을 시민들이 매우 자랑스럽게 생각하며 소중히 여긴다고 한다.

콜롬비아에서는 정치적으로 큰 개혁이 이뤄져 불안한 치안이나 국내의 대립 문제를 극복하려고 여러모로 노력했다. 그런 노력의 일환으로 2012년 메데인에 근대적인 천체 투영관이 완성되었다. 천체 투영관 관장인 카를로스 씨는 굉장히 흥미로운 일화를 소개했다.

어느 날 열다섯 살 정도 되어 보이는 갱단 청소년들이 천체 과학관에 찾아왔다. 평소에 학교에도 가지 않고 패거리 싸움에 몰두하는 거친 아이들이었다. 그들이 천체 투영관 프로그램을 다 둘러본 후 돔에서 나왔을 때 갱단의 리더가 이렇게 말했다고 한다.

"우리는 늘 좁은 영역을 두고 싸움을 반복하고 있는데 이는 잘못됐다. 지구 전체가 우리 인간의 영역이다." 그날 이후 갱단 사이의 싸움이 수습되고 아이들은 학교에 다니기 시작했다고 한다.

발전도상국에 사는 대부분의 사람들은 가난이 모든 문제의 원인이며 과학기술이 풍요로움을 가져다줄 것이라고 강력하게 믿는다. 실제로 과학기술은 물질적인 풍요로움뿐만 아니라 마음의 풍요로움에도 영향을 미친다는 것을 사람들은 확실히 실감했고 그것을 소중한 교훈으로 간직하고 있다.

이 책에서는 천문학에 얽힌 재미있는 이야기를 깊고 넓게 소개했다. 하지만 별이 총총한 하늘과 우주의 진정한 매력은 기존의 미디어나 인터넷으로는 다 전할 수 없다. 최신 우주의 수수께끼를 푸는 현장은 주로 인공위성이나 우주망원경이 있는 우주 공간과 스바루 망원경이나 ALMA 망원경이 있는 산 꼭대기 같은 외딴 곳일 것이다.

이 책에서 본 것을 계기로 전국 각지에 있는 국립천문대 시설에도 직접 방문해보기 바란다. 앞으로는 연구자의 생생한 목소리를 전할 수 있는 기회를 더욱더 늘려가고 싶다.

2016년 9월 8일
북몽골 셀렝게주의 작은 마을 기숙사에서 쓰다

- 에드워드 해리슨(Edward Harrison) 저, 나가사와 고우(長沢 工) 감역, 『밤하늘은 왜 어두울까?(夜空はなぜ暗い? / darkness at night: a riddle of the universe)』, 지진쇼칸(地人書館), 2004년.
- 이에 마사노리(家 正則) 저, 김효진 역, 『허블 – 우주의 심연을 관측하다』, 에이케이커뮤니케이션즈, 2017년.
- 일본 국립천문대 편저, 『과학 연표 2016년(理科年表平成28年)』, 마루젠(丸善), 2015년.
- 천문연감편집위원회 편저, 『천문연감 2016(天文年鑑2016)』, 세이분도신코샤(誠文堂新光社), 2015년.
- 아가타 히데히코 저, 『지구외생명체(地球外生命体)』, 겐토샤(幻冬舎)「겐토샤 에듀케이션 신서」, 2015년.
- 아가타 히데히코 저, 『오리온자리는 이미 사라졌다?(オリオン座はすでに消えている?)』, 쇼각칸(小学館)「쇼각칸101신서」, 2012년.
- 아가타 히데히코 감수, 『어린왕자의 천문 노트(星の王子さまの天文ノート)』, 가와데쇼보신샤(河出書房新社), 2013년.
- 아가타 히데히코 감수, 이케다 게이이치(池田圭一) 저 『천문학 도감(天文学の図鑑)』, 기주쓰효론샤(技術評論社), 2015년.
- **POLSKA AKADEMIA NAUK, 『STUDIA COPERNICANA』, OSSOLINEUM.**

- 일본 국립천문대 홈페이지 http://www.nao.ac.jp/
- JAXA 홈페이지 http://www.jaxa.jp/
- NASA 홈페이지 https://www.nasa.gov/

재밌어서 밤새 읽는 천문학 이야기

1판 1쇄 발행 | 2018년 12월 10일
1판 9쇄 발행 | 2024년 12월 24일

지은이 | 아가타 히데히코
옮긴이 | 박재영
감수자 | 이광식

발행인 | 김기중
주간 | 신선영
편집 | 민성원, 백수연
마케팅 | 김보미
경영지원 | 홍운선

펴낸곳 | 도서출판 더숲
주소 | 서울시 마포구 동교로 43-1 (04018)
전화 | 02-3141-8301~2
팩스 | 02-3141-8303
이메일 | info@theforestbook.co.kr
페이스북 | @forestbookwithu
인스타그램 | @theforest_book
출판신고 | 2009년 3월 30일 제2009-000062호

ISBN 979-11-86900-70-3 (03440)